맥주어 사전

보리라고는 보리차밖에 모르는
당신을 위한 최소한의 맥주 교양

리스 에미 지음 | 세노오 유키코 감수
황세정 옮김

웅진 지식하우스

※**일러두기**
· 외래어는 외래어 표기법에 따라 표기하되 맥주명, 회사명 등 고유명사의 경우 한국 내에서 통용되는 명칭을 채택했다.
· 라틴어의 경우 교회식 발음을 채택했다.

머리말

식사를 할 때 반주로 또는 가벼운 술자리에서 부담 없이 마실 수 있는 맥주. 그런 맥주가 최근 몇 년 사이에 많은 변화를 겪고 있다는 사실을 여러분도 느끼고 계신 가요?

편의점에서 판매하는 맥주의 종류도 예전보다 훨씬 다양해졌습니다. 아마 여러분 중에는 고된 하루를 견뎌 낸 자신에게 상을 주기 위해 조금 비싸지만 맛있는 맥주를 구입해본 분들도 많으리라 생각합니다.

'크래프트 비어(craft beer, 개인이나 소규모 양조장이 자체 개발한 제조법으로 만든 맥주. 수제 맥주라고도 함_옮긴이)'는 이제 흔한 말이 됐고 그 종류도 매우 다양해졌지만, 여전히 낯선 종류나 용어가 많습니다.

새로운 스타일의 맥주에 도전해보고 싶은 마음은 가득하지만 자리에 앉으면 일단 "여기 생맥 주세요!"라고 외치는 분들에게 이 책을 추천합니다. 맥주는 어디에서 탄생했으며 어떤 경로로 지금에 이르게 됐는지 그 역사를 살펴보는 것도 흥미로울 것입니다.

이제껏 알지 못했던 맥주 관련 정보를 용어별로 하나씩 풀어 나가며 맥주의 심오한 세계와 역사를 접하다 보면 오늘 밤 마시는 맥주의 맛이 색다르게 느껴질 것입니다.

리스 에미

이 책의 활용법

용어를 보는 방법

맥주의 스타일, 브루어리(brewery, 맥주 양조장), 재료뿐만 아니라 잡학 지식 등 맥주와 관련된 용어를 배열했다.

[예]

❶ BREWERY

❷ 아사히 맥주(Asahi Beer)

1889년 오사카부 스이타시에 오사카 맥주 회사가 설립된 것이 그 시초다. 1906년에 일본 맥주, 삿포로 맥주와 합병해 대일본 맥주가 됐다가 1949년에 분할되어 아사히맥주가 됐다. 맥주 시장을

❸ 둘러싼 대기업 간의 경쟁이 치열한 가운데, 위스키 시장에도 뛰어들었고 '미쓰야 사이다'와 '바야리스 오렌지' 등 다른 음료도 생산하기 시작했다. 1987년에 발매된 '아사히 수퍼 드라이'는 맥주 업계에 큰 충격을 주었고, 이는 '드라이 전쟁'이라는 사회현상으로까지 발전했다. 일본 내에 있는 여덟 곳의 공장 모두 견학이 가능하다.

❹ ⓘ 130-8602 도쿄도 스미다구 아즈마바시 1-23-1(東京都墨田区吾妻橋1-23-1) 홈페이지: www.asahibeer.co.jp

❶ 카테고리

맥주의 '스타일'이나 '브루어리'를 나타내는 용어 위에는 이해를 돕도록 카테고리를 태그처럼 표기했다.

❷ 용어(명칭)

한국어 발음대로 표기했다. 또한 괄호 안에 일본의 고유명사는 일본어를, 그 밖의 것은 영어나 다른 언어를 병기했다.

❸ 용어의 뜻이나 설명

❹ 정보

점포 관련 정보나 문의처를 알기 쉽게 정리했다.

❺ 국기

용어 중에서 맥주나 맥주 스타일이 탄생한 국가 등을 국기로 표시했다.

아일랜드　미국　영국　인도　오스트리아　네덜란드　캐나다　중국

스코틀랜드　체코　덴마크　독일　일본　프랑스　폴란드　벨기에　멕시코

올바르게 읽는 방법
맥주와 관련된 단어 중에 궁금한 것이 있을 때는 목차를 보고 해당하는 부분을 찾으면 된다.

1. 맥주의 스타일을 알아보자
맥주는 지역이나 문화에 따라 다양한 스타일이 존재한다. 관심이 가는 스타일이
있다면 해당하는 내용을 찾아서 읽어보자.

2. 맥주의 역사를 알아보자
맥주가 탄생하고 지금까지 만들어진 배경에는 역사의 흐름과 사람들의 야망 및
사상 등이 깔려 있다. 이제껏 몰랐던 맥주의 숨은 뒷이야기를 살펴보자.

3. 가볍게 읽자
출퇴근길이나 휴일에 집에서 문득 생각났을 때 아무 페이지나 펼쳐서 읽어보자.
우연히 펼친 페이지에 놀라운 내용이 담겨 있을지도 모른다.

4. 칼럼을 읽고 생각에 잠겨보자
맥주를 소재로 한 칼럼을 읽고 다양한 관점에서 맥주를 바라보자.

국가별 색인 사용 방법
이 책의 마지막(≫P.224~226)에 전 세계 사람들이 즐겨 마시는 맥주를 국가별로 분류해두었다.
나라마다 어떤 맥주가 있는지 찾아보는 것도 맥주를 즐기는 또 하나의 방법이 될 것이다.

맥주어 사전 목차

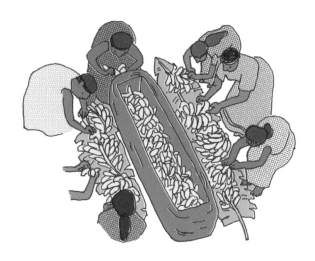

맥주에 관한
시시콜콜
기초 지식

간단히 맥주의 역사 만화로 알아보기

기원전 6000년경

드디어

추위가 물러갔어

제4기 빙하기가 끝나고 중석기 시대에 접어들었다.

기후가 온화해지자 사람들은 곡물을 재배하기 시작했다.

세계에서 가장 오래된 문명인 고대 메소포타미아에서는 맥아를 이용해 빵을 만들게 됐다.

맛있어

그러던 어느 날, 빵을 우연히 물병에 빠뜨렸다.

그런데 말이야

철벙

시간이 흐른 뒤에 발견해 마셔봤더니…….

기분도 좋은데!

이게 뭐지?

맛있네!

기원전 3000년에 제작된 '푸른 기념비(Monument Blue)'라는 점토판에는 맥주를 만드는 방법이 기록되어 있다.

맥주는 그 후 널리 퍼져 나갔으며, 종류도 십여 가지로 늘어났다. 기원전 1792년부터 1750년까지 바빌로니아를 통치한 함무라비 왕이 편찬한 『함무라비 법전』에 맥주와 관련된 법률이 기록되어 있을 정도다.

맥주는 중요해

함무라비 왕

맥주는 이집트에 전파됐고, 파라오와 여성, 어린이, 노동자마저 즐겨 마시는 음료가 됐다.

4세기 무렵 게르만족이 이동을 시작했다.

이를 계기로 맥주도 유럽 전역으로 퍼져 나갔다.

하지만 포도주를 즐겨 마신 로마인들은 맥주를 '야만적인 술'이라 여겼다.

맥주는 특히 포도를 재배할 수 없는 지역에 보급됐다. 이들에게는 맥주가 중요한 수분 보급원이었다.

8세기에는 카롤루스 대제가 등장했다. 그는 유럽을 통일하여 국민들을 그리스도교로 개종시켰으며, 각지에 수도원을 설립했다.

이 시대에 맥주는 생활의 일부가 됐으며, 각 가정의 여성들이 맥주를 만들었다.

지식인이었던 수사들이 맥주 양조 기술을
한층 발전시키면서 맥주의 품질이 빠르게
향상됐다.

맛이 좋군

영양도 풍부한
'액체 빵'

그 결과 유럽 전역에서
맥주는 큰 인기를 끌었다.

8세기 무렵, 맥주는
운명의 상대를 만난다!

바로 홉이다!

꺄악

(사실 그 전에 스친 적이 있던 것 같지만)

어머, 반가워

홉을 사용하기 전까지는 허브와
향신료를 혼합한 그루트(gruit)로
맥주에 향미를 더했다.

(세균)

GO
AWAY!

홉은 맥주에 풍미를 더할 뿐만 아니라 살균 효과와
거품이 더욱 좋아지는 효과까지 있어 맥주와
잘 어울린다는 사실이 밝혀진 것이다.

홉을 사용한 맥주는 바이에른 지방을 중심으로
수 세기에 걸쳐 널리 퍼져 나갔다(8~13세기).

BAYERN

하면 상면

15세기에는 기존의 상면발효맥주가 아닌 하면발효맥주(라거)가 탄생했다!

맥주 순수령

16세기에 독일에서는 맥주의 재료를 물, 맥아, 홉, 효모만으로 제한한 맥주 순수령이 시행됐다.

캐나다

인도 미 국

멕 시 코

그리고 15~17세기, 대항해 시대에 식민지에도 맥주가 전파됐다.

참고로 일본에는 17세기 초반, 네덜란드를 통해 맥주가 전해졌다.

음, 맛이 좋군

18세기, 산업혁명 당시 맥주의 대량 생산, 장기 저장, 효모 배양 기술이 탄생했다.

맥주의 수출 및 운반이 증가하자 맥주의 품질 유지와 대량 생산 기술의 필요성이 대두되기 시작했다.

...

19세기 중반, 체코에서 필스너(Pilsner)라는 하면발효맥주(라거)가 탄생해 순식간에 전 세계로 퍼져 나갔다.

눈부시게 아름다운 황금색

일본에서는 쇄국 정책이 막을 내리고, 메이지 유신이 일어나면서 서양 문물이 하나둘씩 유입되기 시작했다.

역시 서양식이 좋아

1870년, 윌리엄 코플랜드(William Copeland)가 요코하마의 외국인 거류지에 일본 최초(로 알려진)의 브루어리인 '스프링 밸리 브루어리(Spring valley brewery)'를 열었다.

점차 일본 내 맥주 생산량이 증가하기는 했지만, 여전히 맥주는 상류층이 마시는 고가의 술이었다.

에헴

그 후 일본 각지에 브루어리가 하나둘씩 생겨났다.

세계적으로 인기를 끈 독일식 필스너 맥주도 생산됐다.

전쟁 중에는 생산에 어려움을 겪었지만, 전쟁이 끝나자 맥주 업계는 다시 활기를 띠기 시작했다.

참을 수가 없다니까.

대기업이 원가를 절감한 덕분에 이제 맥주는 서민들도 즐겨 마실 수 있는 술이 됐다.

그러자 유럽에서는 전통 맥주가 차츰 재평가받기 시작했고, 미국에서는 개성 있는 맥주를 추구하는 움직임이 일어났다.

역시 다양한 게 좋지

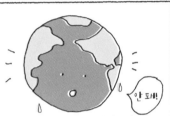

안 돼!

하지만 20세기에는 전 세계 맥주 시장이 필스너 맥주 일색이었다.

그리고 지역별로 독창적인 맥주를 만드는 크래프트 비어 운동이 널리 확산되었다.

1994년

일본에서는 1994년에 주세법이 개정되면서 소규모 브루어리에서 맥주를 생산할 수 있게 됐다. 그 결과 지역 맥주가 일시적으로 크게 유행했으나, 관광객을 겨냥한 지역 특산품의 이미지가 강했던 탓에 금세 인기가 식었다.

하지만 2000년대 미국에서 크래프트 비어의 인기가 한층 높아지자 얼마 후 일본에서도 다시 소규모 브루어리가 활기를 띠기 시작했다.

일본주

벚꽃

된장

유자

초피

'수제(craft)'라는 요소가 더해져 일본의 독자적인 맥주 문화가 싹트기 시작했다. 앞으로 어떻게 발전할지 더욱 기대가 된다!

좋았어! 맛있는 맥주를 만들어보자고.

그 결과 일본에서도 다양한 크래프트 비어가 만들어지기 시작했다.

맥주의 원료

물

사실 맥주의 원료 가운데 90~95%는 물이다. 토양에 따라 경수나 연수, 특정 미네랄이 다량 함유된 물 등 다양한 특질을 보이는데, 이것이 맥주의 맛에 큰 영향을 끼친다. 다른 술과 마찬가지로 맥주를 만들 때도 양질의 물을 사용해야 한다. 에일(ale)에는 경수, 라거(lager)에는 연수를 사용하는 경우가 많으며, 요즘은 인위적으로 수질을 조정하는 경우도 있다.

맥아(malt)

싹 튼 보리를 일컫는 말로, 몰트라고도 한다. 보리를 발아시키면 효소가 생성되어 보리의 전분을 발효에 필요한 당류로 분해한다. 몰트는 보리의 품종이나 산지 외에도 건조 온도에 따라 풍미가 달라진다. 고온에서 건조한 몰트를 기본 몰트(base malt)와 섞으면 색이 진한 맥주를 만들 수 있다.

홉(hop)

홉은 허브의 일종으로, 맥주에는 솔방울 모양의 꽃을 사용한다. 꽃에 든 '루풀린(lupulin)'이라는 노란 가루가 맥주에 쓴맛과 향을 더한다. 또한 홉은 진정 및 살균 효과가 있고 맥주의 거품을 좋게 만들며, 게다가 정화제의 역할도 한다. 오늘날에는 대부분의 맥주에 홉을 사용하지만, 홉을 넣지 않는 스타일의 맥주도 다수 존재한다.

효모

효모는 맥아즙(wort)의 당류를 분해하여 알코올과 이산화탄소(거품)를 만든다. 맥주의 효모는 크게 상면발효효모, 하면발효효모, 야생 효모로 나뉜다. 상면발효효모는 15~25℃, 하면발효효모는 10℃ 정도의 온도에서 발효하는데, 일반적으로 하면발효는 상면발효보다 두 배의 시간이 걸린다. 효모는 브루어리에서 직접 배양하거나 시판 중인 효모를 구입하며, 이를 이용해 다양한 스타일의 맥주를 만든다.

부원료

부원료는 앞서 소개한 네 가지 원료 외에 사용되는 원료를 말한다. 주로 풍미나 식감을 조정하는 데 쓰인다. 일본 주세법에서는 맥주에 사용할 수 있는 부원료를 아래와 같이 제한한다. 그 밖의 재료를 조금이라도 사용한 술은 '발포주(發泡酒)'로 분류된다.

~맥주 양조에 사용 가능한 부원료~

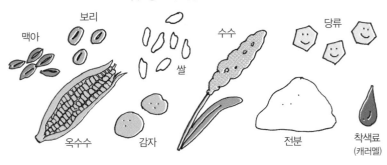

보리
맥아
쌀
수수
당류
옥수수
감자
전분
착색료
(캐러멜)

그 밖의 부원료

전 세계에서 생산되는 맥주에는 일본 주세법이 인정한 부원료 이외에도 다양한 부원료가 사용된다. 이러한 부원료는 맥주의 색이나 맛과 향을 더욱 풍부하게 하여 맥주에 개성을 더한다.

꽃이나 차
허브 종류
과일
밀이나 호밀 등 다른 곡물
초콜릿이나 커피
향신료

맥주가 만들어지기까지

맛과 향 그리고 목넘김이 좋은 맥주를 만들려면 다양한 공정을 거쳐야 한다. 맥주를 만드는 주요 공정을 살펴보자.

① 맥아 만들기

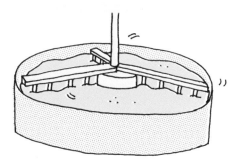

수확한 보리로 맥아(몰트)를 만드는 공정이다. 맥아를 만들 때는 먼저 보리를 물에 담가 이물질을 씻어 내고, 보리가 발아에 필요한 수분을 빨아들이게 한다. 이 과정을 담금(steeping)이라 한다. 그다음 과정은 발아(germination)다.

보리를 물에 불리면 단단했던 보리가 부드러워지고 싹이 나는데, 이렇게 싹이 튼 보리를 생맥아(生麥芽)라고 한다. 생맥아는 콩나물처럼 싹이 길게 뻗는데, 이 과정에서 보리에 든 전분이나 단백질을 분해하는 데 필요한 효소가 생성된다. 마지막 단계는 배조(kilning)다. 먼저 뜨거운 바람으로 발아를 멈추고, 수분을 머금은 생맥아를 건조시킨 다음 바람의 온도를 더욱 높여 맥아에 풍미를 더한다. 맥아를 건조하는 온도는 맥주의 풍미와 직결된다. 연한 빛의 맥주를 만들 때 사용하는 몰트는 일반적으로 80℃에서 건조하지만 캐러멜 맥아나 초콜릿 맥아처럼 진한 색을 띠는 맥주를 만들 때는 맥아에 좀 더 오래 열을 가한다.

② 분쇄

맥아가 완성되면 분쇄한다. 이때 너무 잘게 부수면 맥아즙을 여과하기 까다로울 뿐만 아니라 맥아에서 쓴맛이나 아린 맛을 내는 성분이 녹아나기 쉬우므로 굵게 부순다.

③ 담금(mashing)

분쇄한 맥아를 뜨거운 물과 섞어 죽과 같은 상태로 만든다. 이러한 혼합물을 '매시(mash)'라고 한다. 이때 맥아의 효소가 작용해 보리의 전분이 당과 아미노산으로 분해되는 것을 '당화'라고 한다.

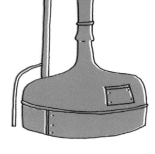

매시를 여과하면 '맥아즙'이 완성된다. 보통 이 단계에서 홉을 넣고 끓여 풍미를 더한다.

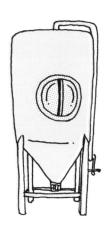

④ 발효(fermentation)

맥아즙이 적정 온도까지 식으면 드디어 발효가 시작된다. 발효 탱크에 담긴 맥아즙에 효모를 첨가하면 효모가 맥아즙 속에 든 당분을 이산화탄소와 알코올로 분해한다. 1차 발효를 '주발효' 또는 '전발효'라고 하며 상면발효는 3~4일, 하면발효는 일주일에서 열흘 정도 걸린다.

⑤ 숙성(maturation)

'후발효' 또는 '2차 발효'라고 한다. 1차 발효를 끝낸 맥주에 남아 있는 당분을 저온 발효하여 분해, 숙성시키는 공정이다. 상면발효는 2주 정도, 하면발효는 한 달 정도 숙성시킨다.

⑥ 여과 및 열처리

맥주가 숙성되면 효모가 더 이상 작용하지 않게 한다. 맥주를 가열해 효모의 작용을 멈추게 하거나 맥주를 여과해 효모를 걸러 내는 방법이 있다.

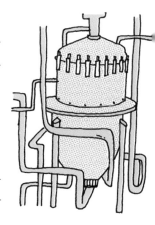

⑦ 용기에 담기

완성된 맥주는 나무통이나 병, 캔에 담는다. 나무통은 진공상태로 만들고, 병이나 캔은 맥주를 변질시키는 산소를 빼낸 후 이산화탄소를 주입해 밀봉한다.

스타일이란 무엇인가

크래프트 비어의 종류가 다양해지는 요즘, 맥주를 이야기할 때 '스타일'이라는 표현이 자주 등장한다. 우리가 술집 등에서 흔히 보는 황금빛 맥주는 '필스너'라는 스타일의 하면발효맥주(라거)다. 불과 얼마 전까지만 해도 다른 맥주를 찾아보기 힘들었지만, 이제는 여러 크래프트 비어가 소개되면서 소비자들도 다양한 스타일의 맥주가 존재한다는 사실을 인지하기 시작했다. 그렇다면 과연 맥주의 '스타일'이란 무엇을 말하는 걸까.

전 세계 맥주의 역사를 살펴보면 색, 풍미, 도수, 제조법, 역사, 환경에 따라 실로 다양한 맥주가 탄생해왔다는 것을 알 수 있다. 맥주의 '스타일'이란 그러한 차이에서 비롯된 맥주의 '종류'를 가리키는 말로, 맥주의 역사를 크게 바꾼 맥주 평론가 마이클 잭슨(≫P.84)이 1977년에 출간한 『The World Guide To Beer』에서 처음으로 언급했다. 이제는 맥주를 스타일별로 분류하는 것이 일반화됐다. 레스토랑이나 바에서 다양한 맥주를 제공할 때나 맥주 대회에서 심사를 할 때도 이러한 맥주의 스타일을 정의할 필요가 있다.

그러나 맥주는 시대나 지역, 문화를 반영하는 거울이기도 하므로 스타일 또한 유동적이다. 맥주 대회 등에서 사용하는 가이드라인도 어디까지나 심사를 위한 도구일 뿐, 어떤 절대적인 정의가 존재하는 것은 아니다. 외래어가 원래의 뜻과는 전혀 다른 의미를 지니게 되거나 외국 요리가 국내의 입맛에 맞게 바뀌듯이 맥주도 생산자나 소비자에 맞게 변화한다. 또 제조법이나 재료의 유행에 따라 조금씩 모습을 달리하기도 하며 이제는 완전히 사라져버린 스타일도 많다.

그런 까닭에 문화나 사람에 따라 맥주의 스타일에 대한 해석이 조금씩 달라지기도 하며 재료나 환경에 따라 완성된 맥주의 모습이 다소 차이가 나기도 한다. 하지만 이처럼 예측할 수 없는 미지의 영역이 존재한다는 점이 바로 맥주의 매력이라 할 수 있다. 맥주의 스타일 뒤에 감추어진 역사와 각각의 스타일이 지닌 특징을 알아두면 맥주를 향해 떠나는 모험이 더욱 즐거워질 것이다.

맥주를 마실 때 확인해야 할 포인트

풍미

맥주의 스타일에 따라 산미, 단맛, 쓴맛 등 저마다 포인트가 되는 맛이
있다. 맥아, 효모, 홉의 유무, 원료로 사용하는 물의 수질 외에도 양조법이나 환경,
향신료나 허브, 과일 같은 부원료에 따라 맥주의 맛이 한없이 다채로워진다. 맥주
의 쓴맛을 수치화하는 IBU(International Bitterness Unit)라는 국제단위도 있다.

거품

맥주를 가득 따랐을 때 생기는 거품은 보기에 좋을 뿐만 아니라 식감도 뛰어나 맥
주를 즐기는 데 중요한 역할을 한다. 맥주마다 거품의 질이나 안정성 등에 차이가
있다. 맥주 거품은 맥주의 산화를 막는 뚜껑 역할을 하기도 한다.

보디(body) · 마우스필(mouthfeel)

맥주에서 보디란 맥주를 마셨을 때 느껴지는 무게감을 말한다. 그리고 마우스필은
보디를 비롯해 맥주를 마셨을 때 입안에서 느껴지는 모든 감각을 가리킨다. 이러
한 감각은 맥주마다 미묘하게 달라서 산뜻하고 가벼운 맥주가 있는가 하면 진하고
무거운 맥주도 있다.

색

맥주를 고를 때 가장 먼저 눈에 들어오는 것이 바로 색이다. 맥주는 스타일에 따라
저마다 다른 색을 띠므로, 취향에 맞는 맥주를 선택하는 데 중요한 단서가 된다.
맥주의 색을 표시하는 SRM(Standard Reference Method)이라는 단위도 존재한다.

아로마

홉이나 향신료, 과일, 맥아의 향을 말한다. 맥주의 향을 맡기만 해도 그 맥주의 매력
을 어느 정도 알 수 있다. 더 깊은 향을 느낄 수 있도록 유리잔에 따라 마시자.

피니시(finish)

맥주를 마셨을 때 느껴지는 여운이나 뒷맛, 코끝에 맴도는 향 등을 말한다.
피니시가 좋으면 맥주가 술술 넘어간다.

맥주와 관련된 단위

IBU
맥주의 쓴맛의 정도를 수치로 표현한 국제단위다. 쓴맛이 적은 맥주는 IBU가
8~20 정도지만, 홉의 쓴맛을 강조한 맥주는 IBU가 100에 가까울 만큼 편차가 크
다. 인간이 느낄 수 있는 쓴맛의 한계는 100~120 정도라고 한다.

ABV(Alcohol By Volume)
알코올 도수. 맥주는 알코올 도수가 3% 정도인 가벼운 맥주부터 10%를 넘는 맥주
까지 그 종류가 매우 다양하다. 맥주를 고를 때 계절이나 자신의 몸 상태를 고려하
도록 하자.

맥주의 풍미를 나타내는 용어

너티(nutty)
견과류처럼 향긋한 풍미.

어시(earthy)
비옥한 흙을 연상시키는 풍미.

페놀릭(phenolic)
정향(clove) 같은 향신료나 소독약 냄새 같은
페놀 향으로, 효모나 수질의 영향으로 생긴다.

떫은맛(astringency)
떫은맛이 나는 풍미.

크리미(creamy)
크림처럼 부드러운 풍미와 식감.

스모키(smoky)
훈연 또는 고온에서 건조한 맥아의 향이 도드
라지는 풍미.

드라이(dry)
달지 않고 씁쌀함. 혹은 뒷맛이 깔끔함.

프루티(fruity)
과일처럼 달콤한 향이나 풍미.

에스테르(ester)
효모가 만들어 내는 독특한 과일 향.(≫P.157)

호피(hoppy)
홉 특유의 쓴맛이나 향.

스파이시(spicy)
향신료 때문에 생기는 혀끝을 톡 쏘는 풍미.
또는 얼얼한 자극.

맥주의 풍미와 향

맥주는 사용하는 원료뿐만 아니라 효모나 수질 등의 영향으로 다양한 풍미와 향을 지니게 된다. 맥주 속에 숨어 있는 과일과 견과류의 풍미, 꽃과 흙의 향을 찾아보자.

BREAD

SPICES

RHUBARB

BISCUIT

PUMPKIN

COFFEE

SMOKE

CITRUS,
CITRUS PEEL

TROPICAL
FRUIT

HAY

HONEY

PEPPER

NUTS

GINGER

JASMINE

CACAO

CIGAR

GRAPES

LICORICE

TOAST

EARTH

APPLES

CARAMEL

PEARS

APRICOTS

MISO

RAISINS

HERBS

TEA

DRY FRUIT

MELONS

BANANAS

RASPBERRIES

CHERRIES

FIGS

WOOD

BUTTER

집에서 맥주 맛있게 즐기기

밖에서 마시는 것도 좋지만, 가끔은 집에서 느긋하게 앉아 마시고 싶을 때가 있다. 그럴 때 집에서 맥주를 맛있게 마시는 비결!

맥주잔에 따라 마시기

일단 맥주는 용기째 마시는 것보다 잔에 따라 마시는 것이 더 맛있다. 맥주의 빛깔과 거품을 옆에서 바라보며 시각적으로 맥주를 즐기는 것 또한 중요하다. 그것만으로도 맥주가 훨씬 맛있어진다. 병째 마시면 향이 잘 퍼지지 않는 데다 탄산의 자극이 더 강해 맥주의 풍미를 제대로 느낄 수 없다. 또 아름다운 거품을 만들지도 못한다. 맥주를 잔에 따라 마시면 탄산의 자극이 약해져 맥주의 풍미를 더 잘 느낄 수 있게 된다. 맥주를 따를 때 생기는 거품 또한 맥주를 즐기는 또 다른 요소라 할 수 있다. 거품을 만들면 맥주의 향이 더 잘 올라온다.

맥주 스타일에 어울리는 잔 사용하기

맥주는 스타일에 따라 어울리는 잔이 다르다 (≫P.91~93 '맥주잔'). 특히 해외 스타일의 맥주나 크래프트 비어를 마실 때는 맥주의 스타일을 고려해 잔을 선택하자.

깨끗한 잔 사용하기

기름기나 다른 음료 찌꺼기가 남아 있는 잔이나 먼지가 묻은 잔에 맥주를 따르면 거품이 촘촘하게 쌓이지 않아 맥주의 풍미가 떨어질 수 있다. 맥주잔은 헝겊으로 닦지 말고, 잘 건조하자.

적정 온도에서 마시기

너무 차가워도 안 돼

그래?

효모에 주의하기

부드럽게 섞거나

효모를 남기거나

맥주는 스타일에 따라 적정 온도가 조금씩 달라서 일괄적으로 말하기 어렵지만, 대부분은 6~8℃일 때 마시는 것이 적당하다고 본다. 맥주를 너무 차갑게 두면 풍미나 향을 제대로 느낄 수 없으니 주의하자.

효모가 들어간 무(無)여과 병맥주는 효모의 종류나 취향에 따라 맛있게 마시는 방법이 달라진다. 병을 부드럽게 굴려 효모를 균일하게 섞은 후에 마시는 맥주도 있고, 오히려 바닥의 침전물을 먹지 않도록 남겨두어야 하는 맥주도 있으므로 구입할 때 직원에게 물어보자.

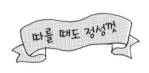

따를 때도 정성껏

맥주를 따르는 방법이나 헤드(맥주 위의 거품)의 크기도 맥주의 종류에 따라 미묘하게 다른데, 일본에서는 맥주와 거품의 비율이 7:3~8:2여야 시각적으로도 아름답다고 보기 때문에 맥주를 맛있게 따르는 방법으로 아래의 '세 번 따르기'를 추천한다. 참고로 '세 번 따르기'는 독일이나 체코에서 전해지는 방법이다.

세 번 따르기

① 맥주병을 높이 든 상태에서 처음에는 천천히, 그다음에는 좀 더 세게 따라 거품을 만든다.

② 거품이 어느 정도 가라앉아 맥주와 거품이 1:1이 될 때까지 기다린 다음, 병을 잔의 가장자리 쪽으로 가져가 천천히 따른다. 거품이 잔보다 1㎝ 높게 올라올 때까지 붓는다.

③ 마지막으로 거품이 잔보다 1.5~2㎝ 정도 높아질 때까지 맥주를 조심스럽게 부으면 완성!

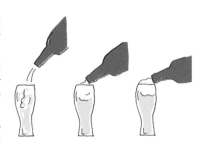

세계의 맥주 스타일

지금까지 역사 속에서 다양한 맥주의 스타일이 탄생해왔다. 이 책에서 소개하는
맥주 스타일의 발상지를 찾아보자.

캐나다
아이스 비어≫P.149

미국
라이트 비어≫P.79
레드 에일≫P.80
브라운 에일≫P.119
블론드 에일(골든 에일)≫P.122
스팀 비어≫P.139
앰버 에일≫P.154
임피리얼 아이피에이≫P.176
크림 에일≫P.195
펌프킨 에일≫P.201

일본 브루어리 MAP

❶홋카이도(北海道)
노스 아일랜드 비어≫P.59
삿포로 맥주≫P.129

❷아키타(秋田)
아키타아쿠라 맥주≫P.150

❸이와테(岩手)
이와테쿠라 맥주≫P.172

❹니가타(新潟)
스완 레이크 비어≫P.136
에치고 맥주≫P.158

❺이바라키(茨城)
히타치노네스트 맥주≫P.219

❻사이타마(埼玉)
고에도≫P.45

❼도쿄(東京)
산토리≫P.127
스프링 밸리 브루어리②≫P.140
에비스 맥주≫P.157
이시카와 주조≫P.172

❽가나가와(神奈川)
기린 맥주≫P.55
산쿠토가렌≫P.127
쇼난 맥주≫P.134
스프링 밸리 브루어리① ②≫P.140

❾야마나시(山梨)
후지자쿠라코겐 맥주≫P.218

❿나가노(長野)
시가코겐 맥주≫P.142
얏호 브루잉≫P.156
오라호 맥주≫P.162

⓫기후(岐阜)
히다타카야마 맥주≫P.219

⓬시즈오카(静岡)
베어드 비어≫P.113

⓭아이치(愛知)
가부토 맥주≫P.40

⓮교토(京都)
교토 양조≫P.48
스프링 밸리 브루어리②≫P.140

⓯오사카(大阪)
미노오 맥주≫P.102
아사히 맥주≫P.147

⓰미에(三重)
모쿠모쿠 지역 맥주≫P.98

⓱효고(兵庫)
고니시 맥주≫P.44

⓲돗토리(鳥取)
다이센지 맥주≫P.69

⓳오카야마(岡山)
기비도테시타바쿠슈 양조장≫P.58
돗포≫P.72

⓴시마네(島根)
시마네 맥주 주식회사≫P.142

㉑후쿠오카(福岡)
모지항 지역 맥주 공방≫P.98

㉒오키나와(沖縄)
오리온 드래프트≫P.162

한국 브루어리 MAP

한국의 브루어리 중 탭룸과 브루 펍을 갖추거나 견학 및 시음이 가능한 곳을 소개한다. 사전에 문의 후 방문하자.

❶ 칼리가리 브루잉(Caligari Brewing)
인천시 중구 신포로 15번길 45 / 032-766-0705

❷ 굿맨 브루어리(Goodman Brewery)
경기도 구리시 동구릉로 389번길 46-4 / goodmanbrewery.co.kr

❸ 더 핸드 앤 몰트(The Hand and Malt Brewery)
경기도 남양주시 화도읍 폭포로 361-1 / 031-593-6258

❹ 카브루(Kabrew)
경기도 가평군 청평면 상천리 수리재길 17 / 02-3143-4082

❺ 크래프트루트(Craftroot)
강원도 속초시 관광로408번길 1 / 070-8872-1001

❻ 버드나무 브루어리(Budnamu Brewery)
강원도 강릉시 경강로 1961 / 033-920-9380

❼ 용오름 맥주마을
강원도 홍천군 서석면 마리소리길 57 / 033-436-8910

❽ 브로이하우스
강원도 원주시 남원로 642 B1 / 033-764-2589

❾ 서울 브루어리(Seoul Brewery)
서울특별시 마포구 토정로3안길 10 / 070-7756-0915

❿ 더 부스 판교 브루어리(The Booth)
경기도 성남시 분당구 판교동 운중로225번길 14-3 / 1544-4723

⓫ 레비 브루잉 컴퍼니(Levee Brewing Company)
경기도 수원시 영통구 영통로 103 / 031-202-9915

⓬ 코리아 크래프트 비어(Korea Craft Brewery)
충청북도 음성군 원남면 원남산단로 97 / 043-927-2600

⓭ 브루어리304(Brewery 304)
충청남도 아산시 음봉면 탕정로 540-26 / 010-4759-5494

⓮ 금강브루어리 바이젠하우스(Weizenhaus)
충청남도 공주시 우성면 성곡리 125 / 1661-5869

⓯ 가나다라 브루어리(Ganadara Brewery)
경상북도 문경시 문경대로 625-1 / 070-7799-2428

⓰ 파머스 맥주
전라북도 고창군 부안면 복분자로 434-129 / 063-561-4225

⓱ 장 앤 크래프트 브루어리
전라북도 순창군 인계면 물통길 22-6 / 063-653-9750

⓲ 갈매기 브루잉 브루어리(Galmegi Brewing the Brewery)
부산광역시 수영구 광남로 58 / 070-7677-9658

⓳ 고릴라 브루잉 컴퍼니(Gorilla Brewing Company)
부산광역시 수영구 광남로 125 / 051-714-6258

⓴ 와일드 웨이브 브루잉(Wild Wave Brewing)
부산광역시 해운대구 송정중앙로5번길 106-1 / 051-702-0839

㉑ 맥파이 브루잉(Magpie Brewing)
제주도 제주시 동회천1길 23 / 070-4228-5300

㉒ 제주맥주 브루어리(Jeju Beer Brewery)
제주도 제주시 한림읍 금능농공길 62-11 / jejubeer.co.kr

시시콜콜

맥주어

ㄱ ~ ㅎ

가니 맥주(カニビール)

효고현(県) 북부 일본 해안가에 위치한 온천 마을 기노사키. 이 마을 한복판에 자리한 350년 역사를 자랑하는 온천 료칸 야마모토야(山本屋)의 직영 공방에서 필스너, 스타우트, 바이젠 그리고 '가니 맥주'까지 네 가지 '기노사키 맥주'를 만들고 있다. 가니 맥주는 겨울 제철 음식인 게(가니)에 어울리는 맛을 찾기 위한 거듭된 연구 끝에 탄생했다. 게를 넣어 만든 맥주는 아니지만 달달하면서도 진한 맛이 느껴지는 맥주로, 게 외에도 각종 해산물이나 전골 요리와 함께 즐기기 좋다. 알코올 도수도 6%로 비교적 높은 편이므로 추운 겨울에 몸을 덥히기 좋은 맥주다.

ⓘ 669-6115 효고현 도요오카시 기노사키초 구루히 128(兵庫県豊岡市城崎町来日128) 전화: (+81) 796-32-4595

BREWERY

가부토 맥주(カブトビール)

가부토 맥주는 메이지 시대에 4대 맥주 회사(오사카의 아사히, 요코하마의 기린, 도쿄의 에비스, 삿포로의 삿포로)에 도전했던 맥주다. 1898년에 독일인 기사를 초빙해 맥주 공장 '한다 붉은 벽돌 건물'을 준공하기도 했다. 가부토 맥주는 정통 독일식 맥주로, 1900년에 열린 파리 만국박람회에서 금메달을 수상했다. 알코올 도수 7%로, 원맥즙 농도(≫P.169)도 높으며, 현대 맥주에 비해 홉이 두 배 정도 들어가 진하고 깊은 맛을 내는 맥주였다고 한다. 2005년에는 가부토 맥주의 맛을 복원한 맥주 3천 병을 출시하기도 했다. 물론 지금도 한다 붉은 벽돌 건물에서는 메이지 시대의 낭만이 가득한 맥주를 맛볼 수 있다.

미인화를 처음으로 사용한 것으로 알려진 포스터 광고. 모델 만류(萬龍)는 메이지 시대 말기에서 다이쇼 시대 초기에 '일본 최고의 미녀'로 칭송받을 정도로 인기가 많았던 기녀였다.

ⓘ 475-0867 아이치현 한다시 에노키시타초 8(愛知県半田市榎下町8) 전화: (+81) 569-24-7031

40

가와모토 고민(川本幸民, 1810~1871)

에도 시대의 난학자 겸 난의(蘭医. 에도 시대에 네덜란드 의학을 공부한 의사_옮긴이). '일본 화학의 시조'라 불리는 인물로, 일본에서 최초로 맥주를 양조한 것으로 알려져 있다. 네덜란드어를 직접 번역해가며 집필한 『화학신서(化学新書)』에 실린 맥주 관련 내용을 참고해 자택 정원에 솥을 설치하고 직접 맥주를 만들었다고 한다. 꽤나 술을 좋아했던 모양인데, 그 맥주 맛이 어땠을지 궁금하다. 2010년에는 고니시 주조(≫P.44 '고니시 맥주')에서 가와모토 고민이 만들었다고 하는 맥주 '고민바쿠슈(幸民麦酒)'를 재현해 판매했다.

강

평소에는 실내에서 맥주를 마시는 일이 많지만, 야외에서 마시는 맥주도 맛있다. 상쾌한 강가에 앉아 맥주를 마시다 보면 시간 가는 줄을 모른다. 알딸딸한 상태에서 시라도 한 수 읊어볼까.

강아지 맥주

이제는 사랑하는 강아지와 함께 맥주를 마실 수 있는 시대가 됐다. 벨기에 기업이 만든 스너플(Snuffle), 반려동물 용품점을 운영하는 네덜란드 여성이 개발한 크비스펄비르(Kwispelbier,

'크비스펄(Kwispel)'은 네덜란드어로 '꼬리를 흔들다'라는 뜻이다) 등 강아지를 위한 맥주가 하나둘씩 등장하고 있다. 이러한 강아지 맥주는 주로 맥아에 소고기나 닭고기 추출물을 넣은 무알코올 음료다. 맛도 좋고 비타민도 풍부한 데다 수분 부족도 방지할 수 있어 강아지의 건강에 매우 좋다고 한다.

갤런(gallon)

야드파운드법에서 쓰이는 부피 단위다. 나라마다 정의가 달라서 영국에서는 1갤 런이 4.54609ℓ, 미국에서는 3.785411784ℓ다. 일본에서는 거의 쓰이지 않지만, 오 키나와에 가면 우유 등을 4분의 1갤런인 1쿼터(0.946ℓ)짜리 팩으로 팔기도 한다.

거품

'헤드(≫P.211)'라고도 한다. 맥주를 사르륵 덮는 거품은 맥주의 맛과 아름다움을 좌우하는 비밀이기도 하다. 거품이 덮개 역할을 하여 맥주의 산화를 방지하므로 마지막 한 모금까지 맛있게 마실 수 있는 것이다. 단백질과 홉, 효모의 소수성 성분 (물과 잘 섞이지 않는 성분)은 맥주의 거품을 단단하고 쉽게 무너지지 않게 해 표면에 촘촘한 거품층을 형성한다. 물에 잘 녹지 않는 성분은 모이는 성질이 있기 때문에 맥주의 거품에는 쓴맛을 내는 성분이 집중된다. 이 때문에 맥주를 따르는 방법이 나 거품을 만드는 방법에 따라 맥주의 맛이 미묘하게 달라진다.

건배

맥주를 여러 사람과 함께 마실 때 빠질 수 없는 말이다. 그 자리에 참석한 이들이 함께 술잔을 들어 올린 후 동시에 마실 때 사용하는 신호다. 건배는 중국어 '간베이' (干杯, gānbēi)'에서 온 말로, 말 그대로 술을 마셔서 '잔을 말린다'는 의미다. 건배 를 하는 관습은 어느 나라에나 예부터 존재해왔다. 국적에 상관없이 술을 사랑하 는 모든 이들과 건배하자!

견과류(nuts)

견과류는 맥주 안주로도 자주 등장하지만, 맥주 자체를 평가할 때도 '견과류의 향이나 풍미를 지녔다'라는 식의 표현을 쓸 때가 있다. 맥주에 견과류가 들어간 것이 아니라, 맥주를 만들 때 사용하는 맥아가 그런 풍미를 지녔기 때문이다. 하지만 최근에는 땅콩이나 호두, 피칸이나 밤 등이 실제로 들어간 크래프트 비어도 나오고 있다.

계절

'맥주의 계절'이라고 하면 보통 여름을 떠올린다. 물론 무더운 여름에는 시원한 맥주를 벌컥 들이켜고 싶어지는 게 당연하다. 하지만 봄에는 꽃구경을 하며 꽃 효모가 들어간 맥주를 마실 수도 있고, 가을에는 옥토버페스트, 겨울에

는 몸을 따뜻하게 덥힐 수 있도록 알코올 도수가 조금 높은 흑맥주를 마실 수도 있다. 1년 내내 다양한 모습을 보여주는 맥주를 계절별로 조금씩 다르게 즐겨보자.

BREWERY

고니시 맥주(KONISHI ビール)

1550년에 창업한 효고현 이타미시의 고니시 주조에서 만든 맥주다. 벨기에 맥주를 수입하는 일도 병행하고 있어서 그런지 이곳에서 만드는 맥주 중에는 벨기에 스타일의 맥주가 많다. 고니시 맥주는 '목을 축이는 맥주'가 아니라, '맛을 음미할 수 있는 맥주'를 제안한다. 일본 최초로 막부 말기의 맥주를 재현한 '고민바쿠슈(幸民麦酒)'도 이곳에서 생산하고 있다(≫P.41 '가와모토 고민').

ⓘ 664-0845 효고현 이타미시 히가시아리오카 2-13(兵庫県 伊丹市東有岡2-13) 전화: (+81) 72-775-0524

고대 이집트

고대 이집트 문명에서는 '음식'을 대표하는 상형문자가 '맥주와 빵'으로 구성됐을 정도로 맥주가 매우 중요한 존재였다. 또한 맥주는 고대 이집트 최고의 신 오시리

스와 그의 아내 이시스가 파라오에게 전해준 것으로 알려져 있다. 당시 맥주는 통화로서의 기능을 하기도 해서 피라미드(≫P.206)를 건설할 때 노동자들에게 보수로 지급되기도 했

다. 이 시대에는 맥주를 만들 때 양질의 보리를 물에 담가 발아시켜 가루를 낸 다음, 가루를 반죽해 빵을 구웠다. 반쯤 익힌 상태에서 빵을 찢어 항아리에 넣고 뜨거운 물에 녹여서 어린 풀을 넣어 끓인 다음 자연 발효시켰다. 이러한 과정이 현대의 맥주 양조법의 기초가 됐다고 한다. 오늘날 우리가 마시는 맥주도 고대 이집트에서 이어진 것이라 할 수 있다.

고야 드라이(Goya Dry)

고야 드라이는 고야(여주)의 과즙을 넣어 만든 맥주다. 헬리오스 주조 주식회사에서 생산 중인 상품으로, 고야로 유명한 오키나와에서는 흔히 볼 수 있다. 홉의 쓴맛과 여주의 쓴맛이 차례대로 들어온 후, 마지막에 부드러운 거품이 밀려온다.

BREWERY

고에도(COEDO)

1970년대부터 사이타마현 가와고에시에서 유기농업을 실천해온 협동 상사가 1980년대 후반에 녹비작물로 재배되던 보리를 이용해 맥주 제조에 도전했을 때 탄생한 크래프트 비어 브랜드다. 결국 보리를 이용해 맥주를 만드는 데에는 실패했지만, 고구마로 맥주를 만드는 데에 성공했다. 이처럼 맥주를 만드는 과정에서는 생각지도 못한 일이 벌어질 수 있다. '부슈 고에도 가와고에산(産) 긴토키 사쓰마이모 베니아카'라는 장황한 이름의 고구마로 만든 고에도의 오리지널 맥주 '베니아카(紅赤)'는 붉은빛이 섞인 호박색을 띠는 맥주로, 달콤한 향이 특징이다. 1년에 한 번 열리는 고에도 맥주 축제에서는 맥주와 다양한 음식 외에도 음악과 예술, 춤 등을 즐길 수 있다.

ⓘ 350-1150 사이타마현 가와고에시 나카다이미나미 2-20-1(埼玉県川越市中台南2-20-1)
전화: (+81) 49-244-6911

STYLE

고제(gose)

소금과 유산균을 넣어 만든 독특한 맥
주로, 독일 라이프치히에서 유래했다.
그리스트(≫P.51)의 50~60%가 밀인
무(無)여과 밀맥주로, 산뜻한 산미가 나
는 것이 특징이다. 고수의 향긋하고 알
싸한 향과 맥주에서는 흔히 느낄 수 없
는 짭짤한 맛이 인상적이다. 산미를 억제하기 위해 과일 시럽을 넣어 마시는 경우
도 있다.

삽싸름한 샐러드처럼
신선한 요리에 잘 어울린다

STYLE

골든 에일(golden ale)

≫P.122 '블론드 에일'

STYLE

과일 맥주(fruit beer)

오래 전부터 과일은 맥주를 만들 때 사용되어왔다. 과일을 사용한 전통적인 스타
일로는 베리류나 체리를 사용하는 일부 랑비크(≫P.79) 등이 있다. 과육이나 과즙
을 넣어 맥아즙과 함께 발효시키거나 과일 엑기스 또는 주스를 나중에 함께 섞는
등 만드는 방법은 다양하다. 발효 전에 과일을 넣는 맥주는 당분이 효모에 분해되
어 단맛이 강하지 않은 편이고, 발효 후에 과일을 섞는 맥주는 술을 잘 마시지 못하
는 사람들을 위한 달콤한 맥주가 많다. 파인애플이나 수박, 바나나 등 과일 맥주는
그 영역이 점차 확대되고 있어 호기심을 자극한다.

괴제(geuze)

랑비크라는 벨기에 맥주의 일종이다. 1년 정도 숙성시킨 랑비크와 2~3년 정도 숙성시킨 랑비크를 섞어 병에 담아 다시 발효시킨 것이다. 홉의 풍미는 느껴지지 않지만, 야생 효모(≫P.156)에서 비롯된 독특한 산미가 나는 것이 특징이다. 최근에는 단맛을 강조한 괴제도 나오고 있으나 산미가 강한 정통 괴제의 인기가 더 높다.

괴테(Goethe, 1749~1832)

독일을 대표하는 문호, 요한 볼프강 폰 괴테(Johann Wolfgang von Goethe)는 세 끼 식사보다도 슈바르츠비어(≫P.135)를 더 좋아했다고 한다. 그를 알던 당대의 정치가 빌헬름 폰 훔볼트(Willhelm von Humboldt)는 자신의 저서에서 "괴테는 수프도, 고기도, 채소도 먹지 않는다. 그는 맥주와 제믈(semmel, 둥근 모양의 독일 빵)로 살아간다. 아침부터 맥주를 커다란 잔에 따라 마신다"라고 적었다. 편식도 이 정도면 대단하다는 말밖에 나오지 않는다. 그렇게 계속 맥주를 마셔댔는데도 세상에 그런 명작을 남기다니…. 어쩌면 슈바르츠비어가 그의 영감의 원천이었는지도 모른다 (≫P.96~97 '명언').

어두운 작품을 쓰니 맥주도 흑맥주만 마신다는 소리는 하지 말아 줘.

BREWERY 　　　　　　　　　　　　　　　　　　　　　　　　　　　　　　　 ●

교토 양조(Kyoto Brewing Company)

교토 양조 주식회사(이하 KBC)는 미국 출신인 크리스 헤인지(Chris Hainge), 캐나다 출신인 폴 스피드(Paul Speed) 그리고 웨일스 출신인 벤저민 팔크(Benjamin Falc) 세 사람이 설립한, 교토역 남쪽 주택가에 위치한 소규모 브루어리다. 미국과 벨기에의 크래프트 비어 열풍을 계기로 결성한 KBC 팀이 지향하는 것은 전통과 독창성을 모두 갖춘 맥주를 만드는 일이다. 장인 정신이 살아 있고 새것과 옛것이 공존하는 교토야말로 그들이 추구하는 이상적인 맥주 양조에 걸맞은 최고의 장소였다. 그런 마음으로 2015년에 교토 양조를 시작해 이미 많은 팬을 확보하고 있다. 그도 그럴 것이 '일기일회(一期一会)', '일의전심(一意専心)'과 '변덕' 시리즈, '벨기에의 미국인' 등 독특한 이름을 붙인 이곳의 개성 넘치는 맥주는 풍미가 좋고 술술 잘 넘어가 많은 이의 마음을 사로잡았다. 교토, 오사카, 도쿄, 요코하마에 상설점이 있다 (≫P.220~221 '칼럼 「힘을 모아 함께 만드는 크래프트 비어」').

ⓘ 601-8446 교토부 교토시 미나미구 니시쿠조 다카하타초 25-1(京都府京都市南区西九条高畠町25-1)
전화: (+81) 75-574-7820 홈페이지: kyotobrewing.com

교토에서 맥주 즐기기

교토에는 크래프트 비어를 마실 수 있는 탭룸이나 바, 이자카야 등이 늘어나고 있다. 일본 크래프트 비어를 마음 편히 즐길 수 있는 교토의 가게들을 소개한다.

BUNGALOW

수시로 바뀌는 열 가지 종류의 생맥주를 즐길 수 있는 곳이다. 대표 메뉴는 환상적인 포테이토 샐러드와 소시지다. 탁 트인 공간에 앉아 있으면 마치 휴가지에 온 듯한 기분이 든다.

ⓘ 600-8481 교토부 교토시 시모교구 시조호리카와 히가시이루 가시와야초 15(京都府京都市下京区 4条堀川東入柏屋町15) 전화: (+81) 75-256-8205 영업시간: 월~토 15:00~2:00(정기휴일: 일요일) 홈페이지: www.bungalow.jp

밝고 아담한 가게 안은 단골손님들로 북적인다. 다양한 연령대의 사람들이 저마다 좋아하는 맥주를 즐기는 모습이다.

BEER PUB TAKUMIYA

이곳에서도 열 가지 종류의 생맥주 외에도 기네스 맥주를 맛볼 수 있다. 펍에 어울리지 않을 법한 시메사바(고등어 초절임)가 정말 맛있다! 가게의 선명한 파란색 외관도 인상적이다.

ⓘ 604-0836 교토부 교토시 나카교구 오시코지 히가시노토인 니시이루 후나야초 400-1(京都府京都市中京区押小路東洞院西入ル船屋町400-1) 전화: (+81) 75-744-1675 영업시간: 16:00~24:00(정기휴일: 없음) 홈페이지: hitosara.com/0006054730

BEER Komachi

ⓘ 605-0027 교토부 교토시 히가시야마구 하치켄초 444(京都府京都市東山区八軒町 444)

　전화: (+81) 75-746-6152 영업시간: 월~금 17:00~23:00 / 토·일 15:00~23:00(정기휴일: 화요일)

　홈페이지 : beerkomachi.com

오래된 상점가 안에 위치한 세련된 가게
는 사실 전통도시주택을 개조한 것으로
아늑하고 정겨운 분위기에 저절로 발길
이 향한다. 일곱 가지 생맥주에 신선한
회와 제철 식재료를 사용한 요리를 맛볼
수 있다.

가모강(鴨川)

ⓘ 교토부 교토시

가모강은 교토의 젖줄이다. 강가에서 술을 마시는 기쁨을 잊어서는 안 된다. 편의
점이나 이자카야에서 좋아하는 맥주를 사와 강을 바라보며 여유롭게 술을 마시다
보면 복잡했던 마음이 가벼워질 것이다.

구화(毬花)

홉은 암꽃이 자라 솔방울 모양의 구화가 된다.
맥주에는 이러한 홉의 구화가 들어가는데, 일본
에서는 이를 '마리하나' 또는 '규카'라고 읽는다.

마리화나(대마초)

마리하나(홉의 구화)

'마리하나'의 발음이 대마초를 뜻하는 마리화나(marijuana)와 비슷하기는 하지만, 홉은 같은 삼과 식물일 뿐 대마와 다르다.

그라울러(growler)

호주, 캐나다, 브라질, 미국 등에서 사용하는 맥주 용기다. 브루어리에서 생산한 맥주를 집에 가져가거나 집에서 만든 맥주를 파티나 피크닉 등에 싸 갈 수 있는 편리한 아이템이다. 맥주의 변질을 막기 위해 주로 호박색 유리로 만든다.

그루트(gruit)

맥주에 풍미를 더할 목적으로 조합된 허브. 홉을 쓰기 전까지는 그루트를 일반적으로 사용했다. 주로 늪도금양(bog myrtle), 서양톱풀(yarrow), 로즈메리(rosemary)를 기본으로 하고, 여기에 주니퍼베리(juniper berry), 생강, 아니스 씨(anise seed), 육두구(nutmeg) 등으로 포인트를 줬다. 15세기에 맥주에 홉을 첨가하는 방법이 유럽 전역으로 널리 퍼져 나가자 그루트는 점차 자취를 감추었다. 하지만 요즘 개성 있는 맥주를 찾는 사람이 늘어나면서 다시 그루트를 사용한 맥주가 주목을 받고 있다.

늪도금양

서양톱풀

로즈메리

그리스트(grist)

분쇄한 맥아와 부원료로 사용되는 기타 곡물을 가리킨다. 그리스트에 뜨거운 물을 부어 '매시(≫P.86)'를 만든다.

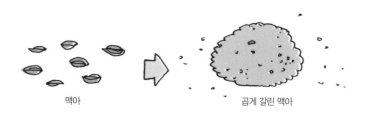

맥아

곱게 갈린 맥아

글루텐 프리(gluten free)

글루텐은 밀, 호밀, 보리 등에 함유된 단백질로, 대부분의 면류와 빵, 케이크 등에 들어 있다. 글루텐을 섭취했을 때 소장에서 이를 적으로 오인해 스스로를 손상시 켜버리는 자가면역질환을 셀리악병(celiac disease)이라 하는데, 셀리악병 환자 중 에는 맥주를 마실 수 없는 사람이 있다. 그런 사람들을 위한 글루텐 프리 맥주가 있 는데, 글루텐 프리 맥주는 면역반응을 일으키지 않도록 주로 수수나 다른 수수속 작물, 쌀, 메밀가루, 카사바(≫P.186), 옥수수 등으로 만든다. 쌀을 주식으로 하는 지역이 많은 동양에서는 글루텐에 대한 관심이 적은 편이지만, 밀과 보리를 많이 사용하는 서양에서는 맥주 외에도 다양한 글루텐 프리 제품이 생산되고 있다.

햄버거　　쿠키　　케이크　　빵　　파스타

피자

글루비어(glühbier)

향신료를 넣어 풍미를 더한 따뜻한 맥주를 말한다. 아직 잘 알려지지 않았지만, 집 에서 간단히 만들어 먹을 수 있다. 다양한 레시피가 있는데 술을 제외한 다른 재료 와 만드는 방법은 글루바인(glühwein, 뱅쇼)과 거의 비슷하다. 준비한 술에 감귤류 의 껍질 및 과즙 같은 향신료, 감미료인 꿀 그리고 브랜디 또는 럼을 넣은 다음 펄 펄 끓어오르지 않도록 주의하며 따뜻하게 데운다. 추운 계절에 한번 만들어보자.

재료
홉이 적게 들어가고 맥아의 풍미가 진한 맥주…2500㎖
크랜베리 주스 또는 사과 주스…샷 글라스 2잔 분량
꿀…………2분의 1컵
생강 간 것…… 2작은술
귤…………3개(껍질과 과육)
팔각………… 2개
정향……… 6알
육두구……… 약간
시나몬 스틱……3개(살짝 으깬다)
버번………샷 글라스 2잔 분량

만드는 방법

좋은 향기~

① 맥주와 주스, 꿀을 냄비에 넣어 중불에 올리고, 생강을 넣는다.
② 귤을 깨끗하게 씻어 껍질을 벗기고 과육을 냄비에 넣은 다음, 껍질은 다른 그릇에 담아둔다.
③ 귤 껍질을 밀대로 으깬 후, 냄비에 넣는다.
④ 냄비가 뜨거워지면 향신료와 준비한 버번의 절반 분량을 넣는다. 이때 알코올에 불이 붙지 않게 조심한다.
⑤ 내용물을 잘 섞어 끓기 직전까지 데운 다음, 불을 약하게 줄여 뭉근하게 끓인다.
⑥ 한 시간 정도 지나면 남은 버번을 붓고 간을 본다. 취향에 따라 버번이나 꿀, 향신료를 더 첨가한다.
⑦ 향신료를 걸러 내고, 따뜻한 상태에서 마신다.

금주법

알코올음료의 생산, 제공, 소비를 금지하는 법률. 미국에서는 1920~1933년에 전국적으로 금주법이 도입됐다. 알코올음료의 제조, 저장, 수송, 매매, 제공은 전부 위법이었지만, 사실 음주 자체는 위법이 아니었다. 맥주 중에는 알코올 도수가 0.5% 이하인 니어 비어(≫P.67)만 양조·판매가 허용됐지만, 사람들은 여전히 진짜 맥주를 원했다. 결국 갱단이 맥주를 밀조하여 판매했고, 그 결과 이 시기에 마피아 같은 어둠의 조직이 세력을 크게 확장하게 됐다고 한다 (≫P.153 '알 카포네'). 또 몰래 불법 영업을 하는 '스피크이지(≫P.141)'라는 바도 생겼는데, 이러한 스피크이지 바는 1925년 무렵에 뉴욕에만 3~10만 곳이나 있었다고 한다.

결국 금주법은 1933년에 폐지됐는데, 당시 루스벨트 대통령은 "지금 미국에 필요한 것은 술이다"라고 말했다고 한다.

BREWERY

기네스(GUINNESS)

1759년에 설립된 아일랜드의 맥주 양조 회사. 기네스의 스타우트 맥주는 전 세계적으로 유명하다. 맥주를 조심스럽게 따라야만 부드러운 거품을 만들 수 있다. 캔에는 기네스의 특허품인 위젯(≫P.170)이 들어 있어 부드럽고 풍성한 거품을 유지하고 있다.

ⓘ www.guinness.com

기도

가톨릭교회에서는 기도를 드리며 음식이나 음료를 축복할 때가 있는데, 이처럼 기도로 축복한 맥주가 실제 상품으로 출시되기도 한다. '마시는 사람의 몸에는 건강이, 그의 영혼에는 평화가 깃들게 하소서.' 맥주를 마시는 사람들을 위한 기도로 정말 좋지 않은가.

BREWERY

기린 맥주(Kirin Beer)

세계적으로 유명한 일본의 맥주다. 메이지 시대부터 이어져온 '기린 맥주'는 1884년에 도산한 요코하마의 '스프링 밸리 브루어리(≫P.140)'를 1885년에 재건해 '재팬 브루어리 컴퍼니(Japan Brewery Co., Ltd)'라는 명칭으로 출발한 맥주 회사다. 나가사키의 무역상 토머스 블레이크 글러버(≫P.197)와 미쓰비시(三菱), 메이지야(明治屋)가 협력해서 세운 재팬 브루어리 컴퍼니는 초기에 외국 자본으로 경영됐지만, 그 후 일본화 하여 '기린 맥주 회사'가 됐다. '라거 비어' 와 '클래식 라거' 그리고 세계적으로도 높

은 평가를 받으며 해외로 수출하고 있는 '기린 이치방시보리 생맥주' 등 여러 인기 맥주를 보유하고 있는 맥주 회사다.

ⓘ 164-0001 도쿄도 나카노구 나카노 4-10-2 나카노 센트럴 파크 사우스 기린 맥주 고객 상담실 (東京都中野区中野4-10-2 中野セントラルパークサウス キリンビールお客様相談室)
전화: (+81) 120-111-560(기린 맥주 고객 상담실) 홈페이지: www.kirin.co.jp

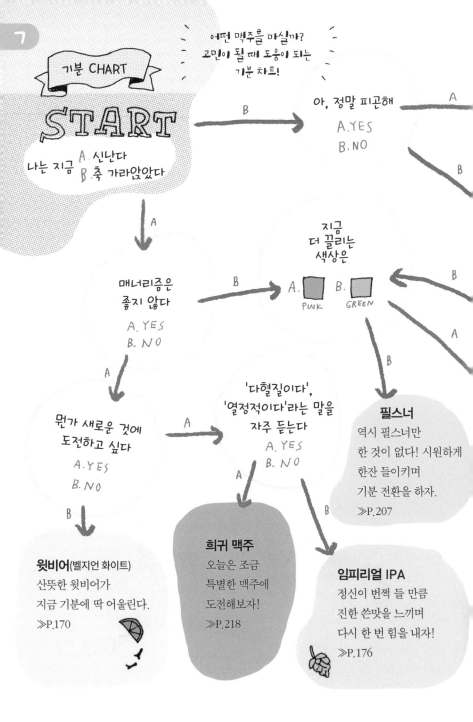

ㄱ

기분 CHART

어떤 맥주를 마실까?
고민이 될 때 도움이 되는
기분 차트!

START

나는 지금 A. 신난다
         B. 축 가라앉았다

B →

아, 정말 피곤해
A. YES
B. NO

A

A

매너리즘은
좋지 않다
A. YES
B. NO

B →

지금
더 끌리는
색상은

A. □ PINK B. □ GREEN

B

A

뭔가 새로운 것에
도전하고 싶다
A. YES
B. NO

A →

'다혈질이다',
'열정적이다'라는 말을
자주 듣는다
A. YES
B. NO

A

B

필스너
역시 필스너만
한 것이 없다! 시원하게
한잔 들이키며
기분 전환을 하자.
≫P.207

B

A

윗비어(벨지언 화이트)
산뜻한 윗비어가
지금 기분에 딱 어울린다.
≫P.170

희귀 맥주
오늘은 조금
특별한 맥주에
도전해보자!
≫P.218

임피리얼 IPA
정신이 번쩍 들 만큼
진한 쓴맛을 느끼며
다시 한 번 힘을 내자!
≫P.176

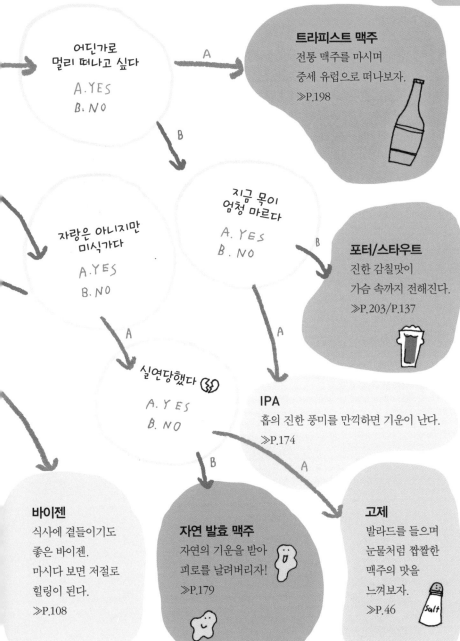

어딘가로
멀리 떠나고 싶다

A.YES
B.NO

A →

트라피스트 맥주
전통 맥주를 마시며
중세 유럽으로 떠나보자.
≫P.198

B ↓

지금 목이
엄청 마르다

A.YES
B.NO

B →

포터/스타우트
진한 감칠맛이
가슴 속까지 전해진다.
≫P.203/P.137

자랑은 아니지만
미식가다

A.YES
B.NO

A ↓

실연당했다 💔

A.YES
B.NO

A ↓

IPA
홉의 진한 풍미를 만끽하면 기운이 난다.
≫P.174

바이젠
식사에 곁들이기도
좋은 바이젠.
마시다 보면 저절로
힐링이 된다.
≫P.108

B ↓

자연 발효 맥주
자연의 기운을 받아
피로를 날려버리자!
≫P.179

A →

고제
발라드를 들으며
눈물처럼 짭짤한
맥주의 맛을
느껴보자.
≫P.46

기비도테시타바쿠슈 양조장(吉備土手下麦酒醸造所)

"길모퉁이에 있는 두부가게 같은 '지역 맥주집'이 되고 싶다"라는 신조가 마음에 와닿는 오카야마현의 양조장이다. 일본의 3대 정원 가운데 하나인 고라쿠엔의 북쪽, 아사히강변에 위치한 양조장에는 따뜻한 분위기가 흐른다. 홉과 맥아에 보리를 부원료로 사용한 이곳의 맥주는 맥주가 아닌 '발포주'로 분류된다. '지역 맥주는 비싸다'라는 공식을 깨기 위해 일부러 세율이 낮은 발포주를 개발한 것이다(≫P.180 '주세법'). 양조장에는 저렴한 가격으로 맥주를 맛볼 수 있는 바도 마련되어 있다.

ⓘ 700-0803 오카야마현 오카야마시 기타구 기타카타 4-2-18(岡山県岡山市北区北方4-2-18) 전화: (+81) 86-235-5712 홈페이지: kibidote.jp

나노 브루어리(nano brewery)

소규모 브루어리를 '마이크로 브루어리(≫P.83)'라고 하는데, 그보다도 작으며 개인이 운영하는 브루어리를 나노 브루어리라고 부르는 경우가 있다. 참고로 미국에서 말하는 마이크로 브루어리는 일본에 비해 그 규모가 상당히 큰 편이다. 미국의 마이크로 브루어리 중에는 일본에서 '중규모'에 해당하는 브루어리도 제법 많을 것이다.

나마이키 맥주(生いきビール)

마쓰야마세이카(松山製菓)에서 만든 과자류 상품이다. 작은 봉지 안에 발포형 비타민 같은 알약 형태의 제품이 두 알 들어 있다. 이것을 컵에 넣고 찬물 120㎖를 부으면 진짜 맥주처럼 생긴 주스가 된다. 맛은 물론 주스 맛이지만, 보기에는 맥주 그 자체다. 맥주잔에 담아 건네면 아마 받은 상대방이 깜짝 놀랄 것이다.

네덜란드(Netherlands)

하이네켄(≫P.208)이나 스텔라 아르투아로 잘 알려진 네덜란드 맥주 중에는 연한 라거 맥주가 많다. 암스테르담이나 로테르담 같은 큰 무역도시가 있어 예부터 수출용 맥주를 생산해왔다. 네덜란드는 일본이 쇄국 정책을 펼치는 동안에도 유일하게 일본과 사이가 좋은 나라였다. 그렇기에 일본인이 처음 마신 맥주도 에도 시대에 네덜란드인이 들여온 맥주로 알려져 있다. 그 당시의 일을 기록한 막부 관리의 보고서에는 '아무 맛도 나지 않사옵니다. 이름은 히루(ヒイル)라 하옵니다'라고 쓰여 있었다. 그 당시에는 오늘날 일본 국민이 이처럼 맥주에 푹 빠질 것이라고는 생각하지 못했을 것이다.

BREWERY

노스 아일랜드 비어(North Island Beer)

캐나다에서 맥주를 공부한 브루 마스터가 세운 노스 아일랜드 비어는 2003년에 삿포로에서 처음 문을 열었다. 이곳에서 선보인 기본 맥주는 종류가 여섯 가지나 되는데, 공들여 만든 필스너와 홋카이도산 밀 품종인 '하루유타카'를 사용한 바이젠, 향긋한 고수 향이 일품인 흑맥주 등 마셔보고 싶은 맥주가 가득하다.

ⓘ 067-0031 홋카이도 에베쓰시 모토마치 11-5(北海道江別市元町11-5) 전화: (+81) 11-391-7775
홈페이지: northislandbeer.jp

노래

기분 좋은 음료인 맥주에 어울리는 유쾌한 노래를 소개해본다.

"아인 프로지트(Ein Prosit)"

옥토버페스트에서 불리는 독일의 건배 노래다. 노래가 끝나면 건배를 한다.

〈가사〉 ※'건배! 건배! 기분 좋게'라는 가사를 반복.

Ein Prosit, ein Prosit
Der Gemütlichkeit
Ein Prosit, ein Prosit
Der Gemütlichkeit

"99 Bottles of Beer"(미국 민요)

맥주 99병을 하나씩 줄여 나가는 노래로, 맥주병이 다 없어질 때까지 같은 멜로디
를 100번 반복해 부른다.

〈가사〉 ※숫자를 줄이면서 반복.

99 bottles of beer on the wall, 99 bottles of beer.
Take one down and pass it around, 98 bottles of beer on the wall.

－중략－

No more bottles of beer on the wall, no more bottles of beer.
Go to the store and buy some more, 99 bottles of beer on the wall.

뉴욕(New York)

뉴욕에서는 실로 다양한 종류의 맥주를 만날 수 있다. 최근 뉴욕에 불고 있는 크래
프트 비어 열풍은 기존에 보지 못한 새로운 흐름이 아니라, 영국 식민지 시대까지
거슬러 올라가는 맥주 양조의 '르네상스'라 할 수 있다. 미국 맥주의 역사는 이민
자들이 발을 들이는 동시에 시작됐는데, 그중에서도 뉴욕에
는 특히 1830~1840년대에 독일에서 수많은 사람들이
이주해왔다. 그 결과, 1850년대에 라거를 생산
하는 브루어리가 맨해튼과 브루클린 곳곳
에 생겨났다. 최근에는 '지역 맥주'의 전
통을 되살려 다시 뉴욕에서 생산하기 시
작한 크래프트 비어가 주목을 받고 있다.

뉴욕에서 맥주 즐기기 ①

오랜 역사를 지닌 도시 뉴욕. 다양한 인종과 문화가 뒤섞인 이 도시에서는 어딘가를 찾아가는 과정조차 즐겁기만 하다! 트렌디한 가게도 좋지만, 마음 편히 머무를 수 있는 맥주 명소를 소개하고자 한다.

SPUYTEN DUYVIL

ⓘ 359 Metropolitan Ave, Brooklyn, NY
전화: (+1) 718-963-4140
영업시간: 월~금 17:00~2:00 / 토 13:00~2:00 /
일 12:00~2:00(정기휴일: 없음)
홈페이지: www.spuytenduyvilnyc.com

브루클린 윌리엄스버그에 위치한 크래프트
비어 바. 맥주 외에도 다양한 치즈와 샤르퀴트리(≫P.131)를 제공
한다. 뉴욕에서는 공원이나 강변에서 술을 마실 수 없다. 그런 점에서 바의 뒤뜰에
마련된 테이블석은 정말 환상적이다! 담쟁이덩굴로 뒤덮인 담장을 배경으로 술을
마시다 보면 마치 도시에서 벗어난 듯한 기분이 들 것 같다.

GOOD BEER

ⓘ 422 E 9th St, New York, NY
전화: (+1) 212-677-4836
영업시간: 월~금 12:00~22:00 /
토 11:00~22:00 / 일 12:00~19:00(정기휴일: 없음)
홈페이지: www.goodbeernyc.com

맥주를 포장해가고 싶다면 이곳에 가보자!
가게 안에 정말 많은 맥주가 가지런히 진열
되어 있다. 맥주를 탭에서 따라 그 자리에서
가볍게 한잔 마시거나 맥주 용기인 그라울
러(≫P.51)에 담아 가져갈 수 있다.

LEDERHOSEN

ⓘ 39 Grove St, New York, NY
전화: (+1) 212-206-7691
영업시간: 화~토 16:00~24:00 /
일 13:00~22:00(정기휴일: 월요일)
홈페이지: www.lederhosennyc.com

독일 맥주와 소시지를 마음껏 즐길 수
있는 비어하우스. 가격도 합리적
이다! 바이에른 알프스를 표현한
감각적인 벽화가 눈길을 끈다.

※부츠 모양의 대형 맥주잔도 있다.

ROCKAWAY BREWING CO. (TAPROOM)
롱아일랜드시티점(본점)

ⓘ 46-01 5th St, Long Island City, NY 전화: (+1) 718-482-6528 영업시간: 월~수 17:00~21:00 /
목 15:00~21:00 / 금 15:00~22:00 / 토 12:00~22:00 / 일 12:00~21:00(정기휴일: 없음)
홈페이지: rockawaybrewco.com

로커웨이점

ⓘ 415 Beach 72nd St, Arverne, NY 전화: (+1) 718-474-2339
영업시간: 월~금 15:00~23:00 / 토·일 12:00~23:00(정기휴일: 없음)

뉴욕 서퍼들의 성지인 로커웨이에서 홈 브루잉(≫P.213)부터 시작해 브루어리로
발전한 곳이다. 지금은 롱 아일랜드 시티의 붉은 벽돌 건물 1층에 분위기 좋은 바
를 열었을 뿐만 아니라, 해변가에도 새 점포를 오픈했다.

🍺 BEER BAR에서 생기는 일

① 메뉴가 너무 많아 도무지 고를 수가 없다.

② 그중에는 상당히 파격적인 것도 있으므로 모르면서 아는 척하는 것은 위험하다.

63

③ 북적이는 바에 가면 키가 작은
　 사람은 눈에 잘 띄지 않으므로
　 목소리를 크게 내야 한다.

④ 실패를 거듭하며 성장해 나가는 수밖에 없다.

🍺 신분증이 필요해!

맥주를 마시거나 구입할 때는 반드시 신분
증을 보여줄 준비를 해야 한다. (동안이라면
특히)

레스토랑

대개 나이를 물어본다.

슈퍼마켓

역시 나이를 물어본다.

식료품점

의외로 철저히 물어본다.

행사나 클럽

옷차림과 화장에 따라 달라진다.

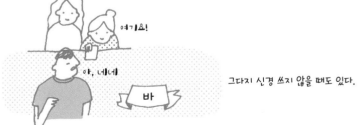

그다지 신경 쓰지 않을 때도 있다.

※ 하지만 언제 맥주와 맞닥뜨릴지 모르니 늘 신분증을 갖고 다닌다.

새로운 도전

① 뉴욕에 머무르는 동안, 가끔은 멀리까지 나가 보았다. 돌아오는 길에 종종 다른 나라의 안주 거리도 사본다.

어느 나라에선가 온 훈제 생선

폴란드 햄 같은 것

인도의 매운맛 과자

그리스의 명란(?) 스프레드

맛있다!

차이나타운에서 산 파가 든 빵(?)

'맛있는 발견'이 끝없이 펼쳐진다.

② 폴란드인 거주 지역에 살던 시절, 어느 날 식료품점에서 귀엽고 저렴하기까지 한 맥주를 발견했다!

※이런 로고.

마셔보니 마치 그리운
일본의 필스너 맥주처럼…… 맛있어!
그 후로 종종 사러 갔더니

마음에 들었구나!

하하

네

식료품점 아저씨가 무척 좋아했다.
지비에츠(Zywiec)가 폴란드의
대표 맥주인 모양이었다.

NEW YORK CITY

BEER

맥주와 관련된 이야기가
가득한 도시

니어 비어(near beer)

미국 금주법 시대에 생겨난 말로, 맥
아를 넣어 만든 알코올 도수 0.5% 미
만의 곡물 음료를 말한다. 금주법 시
대에 허용된 유일한 알코올음료였기
에 많은 맥주 회사들이 맥주 대신 니
어 비어를 생산하여 금주법 시대를 극
복하고자 했다.

비슷하긴 한데
뭔가 좀……

다가시(駄菓子)

'다가시'는 에도 시대에 생긴 말로, 주로 어린이들을 주고객으로 한 싸구려 과자를 말한다. 2차 세계대전이 끝난 뒤부터 크게 번성했으며, 마치 장난감처럼 재미있는 요소를 포함한 다가시가 세상에 등장했다. 이런 과자들은 맥주 안주로 어떨까? 직접 검증해보기로 했다. 브라운 에일, 필스너 등 맥주와 보기 좋게 담은 막과자의 페어링을 검증해본 결과, 저녁 식사를 깜박할 만큼 만족스럽게 끝났다.

결론: 막과자와 맥주는 어울린다! 꼭 한번 도전해보시라.

검증 결과,
특히 잘 어울리는
조합을 소개한다!

살라미 계열
×바이젠
고기의 깊은 맛과 상쾌한 맛의
바이젠이 의외로 어울린다.

고추냉이 맛
×브라운 에일
부드러운 맛과
자극적인 맛의 조화!

매콤한 맛
×필스너
매콤함을 목넘김이 깔끔한
필스너로 마무리한다.

콘소메 맛
×필스너
짭조름한 맛을
돋보이게 해준다.

우메보시(매실장아찌) 맛
×브라운 에일
매실의 신맛이 브라운 에일로
부드러워진다.

다시마 계열
×브라운 에일
브라운 에일의 깊은 맛이 다시마의
감칠맛과 조화롭게 어우러진다.

튀김 계열
×필스너
기름에 튀긴 과자는 필스너의
쌉쌀함 덕분에 깔끔하게 마무리된다.

오징어 계열
×필스너
짭짤한 맛이 맥주의 목넘김을
더욱 시원하게 해준다.

다마무시 사다유(玉虫 左太夫, 1823~1869)

막부 말기의 센다이번의 번주. 1860년에 해외 사정과
서양 문화를 조사할 목적으로, 미국 군함과 함께 세
계를 일주한 막부견미사절단(幕府遣米使節団)
의 기록 담당으로 동행한 인물이다. 항해를
시작한 지 12일째 되던 날, 미국 건국의 아
버지 조지 워싱턴(≫P.180)의 생일을 기념
하는 선상 파티가 열렸는데, 이때 처음으
로 맥주를 맛봤다. 서양 문물에 상당히 냉
정한 태도를 취했던 사다유는 이날 쓴 일기
에서 파티 중에 악단이 연주한 음악은 '매
우 저속했으며', 식사는 '고약한 냄새가
코를 찔러 입맛에 맞지 않았다'라고 혹평했

지만, 맥주만큼은 '쌉쌀하지만 입을 축이기에 좋다'라며 조금 긍정적인 평가를 내
렸다. 사실은 꽤 마음에 들었는데 괜히 아닌 척한 것은 아니었을까.

BREWERY

다이센지 맥주(大山Gビール)

돗토리현에 있는 다이센오키 국립공원의 기슭에 자리한 구메
자쿠라 다이센 브루어리에서 생산하는 맥주다. 다이센산의 맑
은 물 외에도 보리, 홉, 쌀 등 맥주에 사용하는 원료를 직접 재
배하여 다른 곳에서는 맛볼 수 없는 돗토리 지역의 맛을 만들
고 있다.

ⓘ 689-4108 돗토리현 사이하쿠군 호키초 마루야마 1740-30(鳥取県西伯郡
伯耆町丸山1740-30) 전화: (+81) 859-39-8033

다이어트 맥주(diet beer)

비만과 생활습관병의 원인으로 알려진 당
질과 푸린체(≫P.204)가 들어 있지 않은 맥
주를 말한다. 생활습관병이 증가하고 있는
요즘 시대에 맞추어 맥주 회사가 저마다
개발·판매하고 있다. 다이어트 중에 마실

69

수 있는 고마운 맥주이지만, 맥주를 마시면 밥 생각이 간절해져 결국 뭔가를 먹게 된다. 현실은 혹독하다.

STYLE

다크 비어·다크 에일(dark beer·dark ale)

고온에서 볶아 색이 진한 맥아로 만든 흑맥주(≫P.218)를 말한다. 포터(≫P.203)나 스타우트(≫P.137) 등이 대표적이다.

달

달에는 이름이 비어(Beer)인 지름 9km 의 화구가 있다. 혹시 천문학자 중에 맥주를 너무나도 사랑한 이가 있었던 것일까? 사실 이 명칭은 빌헬름 볼프 비어(Wilhelm Wolff Beer, 1797~1850)라는 천문학자의 이름에서 따온 것이다.

참고로 '비어' 옆에는 '비어 A'라는 작은 화구도 있다. 혹시 집에 망원경이 있다면 '비어'와 '비어 A'를 바라보며 맥주를 마셔보자.

닭꼬치

맥주 안주로 정말 좋은 닭꼬치. 일본은 원래 육식을 하지 않았지만, 막부 말기와 메이지 시대에 서양 문화가 유입되고 2차 세계대전이 끝난 후 고도의 경제성장을 거치면서 자연스럽게 고기를 먹게 됐다. 요즘과 같은 형태의 닭꼬치는 전쟁이 끝난 뒤 암시장에서 팔기 시작한 것으로, 나중에 일본 전국으로 퍼지게 됐다. 소스를 바르거나 소금을 뿌려 구운 향긋한 닭꼬치와 깔끔한 라거는 환상적인 조합이다.

당화(糖化)

전분 같은 다당류가 분해되는 것으로, 맥주를 만들 때 매우 중요한 제조 공정이다. '당화'는 분쇄한 맥아와 온수를 섞어 가열하는 과정을 거쳐야 일어난다. 이처

럼 맥아를 분쇄해 뜨거운 물에 섞는 것을 '매싱
(mashing, ≫P.86 '매시')'이라고 하는데, 매싱을 해
야 당류가 효모를 섭취할 수 있는 소당류로 바뀌어
발효가 가능한 상태가 된다.

덱스트린(dextrine)

효모가 먹지 못하는 다당류로, 아무 맛도 나지 않는 탄수
화물이다. 발효 후에도 맥주에 남아 있는데, 풀 보디 맥
주(≫P.115 '보디')를 만들 때 덱스트린을 더 첨가하기도
한다. 하지만 덱스트린은 소화가 잘 되지 않기 때문에
맥주를 마신 후에 방귀를 심하게 뀌는 원인으로 의심받
고 있다.

덴마크(Denmark)

19세기 말에 칼스버그(≫P.188) 창립자가 뮌
헨에서 하면발효효모(≫P.207 '하면발효')를
들여온 것을 계기로, 덴마크는 라거 양조가
유럽 전역에 퍼지는 데 큰 역할을 했다. 덴마
크에서는 요즘 몰트 향이 진한 페일 에일을
주로 마시지만, 그밖에도 비퇼(hvidtøl)이라
고 하는 알코올 도수가 낮고 밀을 사용해 만
든 전통 맥주 등도 많이 마시고 있다.

STYLE

도플보크(doppelbock)

'더블 보크'라는 의미로, 일반적인 보크(≫P.116)보다 훨씬 알코올 도수도 높고 색
도 더 어둡다. 전통적인 트라피스트 맥주(≫P.198)를 바탕으로 만든 하면발효맥주
다. 도플보크는 '파스튼비어(fastenbier)'라고도 불리는데, 이는 '사순절 맥주'라는
뜻이다. 그리스도교에서 말하는 사순절
은 부활절 전까지 여섯 번의 주일을
제외한 40일 동안의 기간을 말
하는데, 이 기간 동안 수도사들

은 단식을 한다. 도플보크는 수도사(trappist)들이 이러한 단식 기간 중에 마시도록
만들어진 맥주다.

독일(Germany)

독일은 남부 바이에른주(州)에 위치한 뮌헨에서 옥토버페스트(≫P.165)를 개최할
뿐만 아니라, 세계적인 홉의 명산지 가운데 하나인 할러타우로도 유명한 맥주의
성지다. 독일인들은 1516년부터 1993년에 정식 법률에서 사라질 때까지 수 세기
동안 줄곧 '맥주 순수령(≫P.91)'을 지켜올 정도로 맥주를 매우 중요한 존재로 생각
하며, 매우 진지한 자세로 고품질의 맥주를 생산하고 있다. 마을이나 도시별로 브
루어리가 있어 현지에서 생산한 신선한 라거를 마실 수 있다. 독일에서 맥주는 전
국민이 마시는 음료이자 생활의 일부다. 누구나 손쉽게 구할 수 있어야 한다고 여
기기 때문에 세금도 낮고 가격도 저렴한 편이다. 학교에서 단체로 양조장에 견학
을 가기도 하는데, 독일에서는 16세부터 맥주를 마실 수 있기 때문에 견학이 끝난
후 학생들이 시음을 하는 일도 있다고 한다.

BREWERY

돗포(独步)

돗포 맥주를 생산하는 미야시타 주조는 1915년에 오카야마현 다마
노시에 설립됐다. 일본주, 리커 등 다양한 술을 만드는 곳으로, 돗
포 맥주는 1995년 7월부터 제조하기 시작했다. '돗포'라는 이름은
'독립독보(独立独步), 신념을 담은 특색 있는 맥주를 만들자'라는 생
각으로 붙였다고 한다. '독(独)'이라는 글자는 독일 스타일의 맥주
를 많이 만든다는 점과도 연결된다. 오카야마의 온화한 기후와 지하
100m에서 퍼 올린 아사히강 바닥 지하수 그리고 독일의 최고급 원

료가 맥주 맛의 비밀이다.

ⓘ 703-8258 오카야마현 오카야마시 나카구 니시가와라 184(岡山県岡山市中区西川原184)
　전화: (+81) 86-272-5594 홈페이지: www.msb.co.jp/beer

STYLE

둥켈(dunkel)

독일 바이에른주에서 유래한 전통 독일식 라거로, 어두운 갈
색을 띤다. 일반적으로 몰트의 풍미가 강하며, 홉의 쓴맛은
진하지 않은 편이다. 알코올 도수는 5~6% 정도다. 바닐라
나 견과류 같은 달콤한 풍미가 느껴진다. '둥켈'은 독일어로
'어둡다'라는 뜻으로, 어떤 맥주 스타일을 일반적인 수준보다
더 어둡게 만든 경우를 의미하기도 한다. 예를 들어 바이젠은 보통 밝은 색을 띠지
만, 그보다 짙은 색을 띠게 만든 바이젠은 둥켈 바이젠이라고 한다.

바이젠보다
풍미가
더 강해요

STYLE

둥켈 바이젠(dunkel weizen)

바이젠 또는 바이스비어(≫P.108)를 좀 더 어둡게 만든
것으로 고온에서 건조한 맥아를 넣어 색이 진한 밀맥
주다. 정향이나 바닐라, 바나나, 사과 등의 풍미가 진
하게 느껴진다.

뒷맛

뒷맛이 깔끔한 맥주와 쓴맛 등이 오래 남는 맥
주가 있다. 일본에서는 이러한 '뒷맛'을 중시하
기 때문에 대형 맥주 회사의 라거는 대부분 뒷
맛이 오래 남지 않게 만든다.

뒷맛이 깔끔하면
기분이 좋아진다

드라마(drama)

맥주를 마시면서 안주 삼아 볼 만한 드라마를 소개한다.

〈심야식당(深夜食堂)〉

만화가 아베 야로(安倍夜郎)의 동명 만화를 원작으로 한 드라마다. 신주쿠 뒷골목

에서 밤 12시부터 아침 7시까지 심야 영업을 하는 밥집을 운영하는 '마스터'와 식당을 찾는 손님들의 일상을 그리고 있다. 식당 메뉴에는 돈지루 정식과 맥주, 일본주, 소주밖에 없지만, 마스터에게 부탁하면 그날 만들 수 있는 음식은 무엇이든 만들어준다. 회마다 한 손님의 인생사와 함께 주제가 되는 음식이 등장하는데, 나오는 음식은 부추 볶음과 달걀말이, 문어 모양 소시지, 바지락 술찜 등 죄다 맥주 생각이 간절해지는 요리들이다. 마스터와 식당의 따뜻하고 편안한 분위기에 저절로 힐링이 되는, 마치 따끈따끈한 안주 같은 드라마다.

© 2015 安倍夜郎·小学館/영화 〈심야식당〉 제작위원회

드라이(dry)

일본에서는 맥주의 상품명이나 광고에서 '드라이'라는 표현을 자주 볼 수 있다. 엄밀히 따지면 정확한 정의는 아니지만, 드라이 맥주라고 하면 일반적으로 전분 같은 부원료를 사용해 알코올 도수를 살짝 높이고 단맛은 줄인 깔끔한 맥주를 가리킨다. 1987년에 아사히에서 '아사히 수퍼 드라이'를 출시한 것을 계기로 각 맥주 업체가 드라이 맥주를 둘러싸고 극심한 경쟁을 벌였다. 이를 두고 '드라이 전쟁'이라는 말까지 나왔을 정도니, 경쟁이 얼마나 치열했는지 짐작할 수 있다.

드라이 호핑(dry hopping)

영국 브루어(brewer, 맥주 양조자)들이 발효 후와 출하 전에 맥주 통에 홉을 첨가한 것에서 비롯된 기법이다. 지금은 1차 발효나 2차 발효 또는 케그에 담는 과정 등 어느 단계에서든 맥아즙이 식은 후에 홉을 투입하는 것을 '드라이 호핑'이라고 한다. 이 기법을 사용하면 홉이 가열되지 않으므로 쓴맛이 나지 않으면서도 향과 풍미를 최대한 끌어낼 수 있다.

드래프트 비어(draft beer)

영어로 '따르다'라는 뜻의 'draft'에서 온 외래어로, 캐스크(≫P.191)에 담긴 생맥주(≫P.131)를 말한다. 또 캔 맥주나 병맥주의 상품명으로 쓰일 때도 있다.

디아세틸(diacetyl)

효모나 유산균의 작용으로 식품 등이 발효할 때 생기는 버터 향의 유기화합물이다. 버터에도 자연적으로 존재하며, 효모의 종류에 따라 맥주에 들어 있을 때도 있다. 너무 많으면 미끄덩한 식감을 주기 때문에 보통 디아세틸을 바람직하지 않은 오프 플레이버(≫P.163)로 보지만, 간혹 일부러 디아세틸을 만들어 풍미를 더하는 맥주도 있다.

같은 향이네···

디자인(design)

맥주의 대량 생산과 원거리 수송이 가능해지자 전 세계 맥주가 치열한 브랜딩 경쟁을 벌이게 됐다. 맥주는 용기의 형태, 라벨, 로고, 왕관 병뚜껑, 광고 포스터 등 디자인해야 할 요소가 한두 가지가 아니다. 일본은 메이지 시대에 정부가 서양화의 일환으로서 맥주 산업에 힘을 실어주었는데, 예나 지금이나 맥주 관련 디자인은 시대상을 반영하고 있을 뿐만 아니라 소비자들이 친근감을 느낄 수 있을 만큼 감각적이다.

디콕션(decoction)

맥주를 만드는 특별한 기법. 매시(≫P.86)의 일부를 건져 내어 끓인 뒤에 다시 매시에 섞는 방법으로, 지금처럼 몰트의 제조법이 정밀하지 않던 시대에 맥아의 맛을 최대한 끌어내기 위해 고안된 방법이다. 맥주 중에는 디콕션 과정을 거치는 것과 그렇지 않은 것이 있으며, 디콕션 과정을 거치더라도 이를 여러 번 반복하는 경우가 있다.

동부에서 서부로

글·사진: 마쓰오 유키

　약 3년 전에 케이프 코드에서 샌프란시스코까지 차로 미 대륙 횡단 여행을 떠난 적이 있다. 뉴욕에서 동해안을 따라 내려간 다음 남부를 지나 텍사스에서 남서부로 이동한 뒤 캘리포니아로 올라와 최종 목적지인 샌프란시스코에 도착하는 경로였다. 여행의 동반자가 1972년산 빈티지 차이기도 해서 하루에 다섯 시간 정도를 달리다가 그날 상황을 봐서 모텔에 묵거나 야외에서 캠핑을 하는 매우 자유로운 여행이었다. 여행길에서 누린 가장 큰 즐거움은 동네 식당에서 즐기는 아침 식사와 그 지역의 향토 음식을 먹는 일이었다. 식사 중에 가끔 마신 지역 맥주의 맛 또한 잊을 수 없다.

　앨라배마주 셀마에 도착한 날이었다. 일요일 저녁 8시였는데도 음식점이 거의 다 문을 닫은 상태였다. 유일하게 열려 있던 슈퍼마켓에서 과자와 맥주 여섯 캔을 사서 계산대로 갔는데, 계산대 직원이 의아하다는 듯한 표정으로 말했다. "오늘은 일요일이에요!" 일요일에 주류 판매를 금지하는 주가 여전히 존재한다는 사실을 몰랐던 나는 서둘러 맥주를 제자리에 놓고 왔다. 다음 날 아침, 차를 타고 환해진 거리를 달려보니 마을 곳곳에 교회가 있었다.

　텍사스주의 마파라는 도시에 머물렀을 때, 때마침 대통령 선거 개표일이었다. 결과가 궁금해 도시에 얼마 없는 바 가운데 하나를 택해 들어갔다. 카우보이모자

를 눌러쓴 현지인들과 함께 맥주잔을 한 손에 들고 복잡한 심정으로 TV 앞에 모여 앉았던 순간을 지금도 잊을 수 없다.

여행이 거의 끝나갈 무렵, 66번 국도를 쉬지 않고 달리던 중의 일이다. 새파란 하늘과 바싹 마른 대지가 파노라마처럼 펼쳐졌다. 달리고 또 달려도 맞은편에서 차가 한 대도 나타나지 않았고, 민가나 광고판도 보이지 않았다. 오직 바람 소리만이 윙윙대는 그야말로 '황야'를 난생 처음 맞닥뜨렸다.

그날 하루를 마치고 지친 몸으로 도착한 모텔 방에서 마신 캔 맥주는 단지 목을 촉촉이 적셔주는 것이 아니라, 마치

마쓰오 유키(Yuki Matsuo)

뉴욕을 중심으로 다양한 음식과 식문화를 탐험하는 작가. 2012년에 음식을 주제로 한 인쇄물을 자비 출판하는 'All-You-Can-Eat Press'를 설립하고, 'NY Food Map' 시리즈를 출간했다. 지금은 이 시리즈의 여덟 번째 책이 될 『Manhattan Chinatown Map』을 제작 중이다.

ⓘ 홈페이지: www.allyoucaneatpress.com

©All-You-Can-Eat Press

메마른 대지에 스며들듯 내 몸속 깊이 침투하여 이제껏 느껴보지 못한 맛을 선사했다.

그 여행을 떠올릴 때면 나는 식사를 하던 때나 바에서 보낸 어느 한 장면 속에 빠져든다. 그날 풍겼던 냄새와 귓가에 흐르던 음악이 생생하게 떠올라 아직도 차에 몸을 싣고 달리는 듯한 기분이 들 만큼…. 그때의 기억은 나를 아직 끝나지 않은 여행으로 데려간다.

ㄹ

라거(lager)

하면발효맥주를 가리킨다(≫P.207 '하면발효'). 라거는 독일어로 '저장'이라는 뜻으로, 낮은 온도에서 장시간에 걸쳐 발효시키기 때문에 이러한 명칭이 붙었다. 원래 독일 바이에른 지방에서 탄생한 스타일로, 전 세계적으로 많이 생산되는 맥주다.

라벨(label)

알코올음료를 병에 담아 팔기 시작한 것이 19세기 후반이다. 즉, 맥주병에 종이 라벨을 붙이게 된 지도 그리 오래되지 않았다는 뜻이다. 19세기에 접어들어 맥주의 대량 생산이 가능해지고 철도와 도로의 발달로 먼 지역까지 맥주를 출하할 수 있게 되자 브루어리들은 브랜딩의 중요성을 깨달았다. 소비자에게 오랜 전통과 뛰어난 품질을 전하는 감각적인 디자인의 맥주 라벨은 와인이나 증류주의 라벨과는 또 다른 분위기를 낸다. 고전적인 활자가 찍힌 빈티지한 라벨과 최근에 생긴 크래프트 브루어리의 색다른 라벨에서 저마다의 시대를 엿볼 수 있다.

라 비에유 봉 스쿠르(La Vieille Bon Secours)

세계에서 가장 비싼 맥주 가운데 하나로 알려진 라 비에유 봉 스쿠르는 12ℓ 크기의 병에 담긴 벨기에 맥주로, 가격이 무려 700유로나 한다. 병에 10년 동안 저장된 이 맥주는 알코올 도수가 8%로 맥주치고는 꽤 높은 편이다. 시트러스, 캐러멜, 토피(설탕, 당밀, 버터 등을 섞어 만든 과자)의 풍미에 감초와 아니스 씨의 향이 은은하게 섞인 것이 특징이다. 전 세계 바 가운데 단 몇 곳에서만 맛볼 수 있는 희귀 맥주다. 맥주를 따를 때 두 사람이 들어야 한다는 말이 있다.

어떠신가요? 이 엄청난 크기

라우흐비어(rauchbier)

독일어로 '훈연 맥주'라는 뜻으로, 15세기 무렵에 탄생한 독일의 전통 맥주 스타일이다. 녹색 맥아를 너도밤나무 장작불에 훈연해 만드는 맥주로, 메르첸(≫P.94)이나 헬레스(≫P.212), 보크(≫P.116)를 베이스로 한 하면발효 라우흐와 바이젠

스테이크나
구운 채소 요리와
잘 어울린다

(≫P.108)을 베이스로 한 상면발효 라우흐 등이 있다. 라우흐비어의 유래로는 화재로 타버린 맥아를 그냥 버리기 아까워 한번 맥주로 만들었는데 의외로 맛이 좋았다는 설이 있다.

더운 날에는
라이트 비어가
최고지

라이트 비어(light beer)

일반 맥주보다 칼로리가 적고, 알코올 도수도 낮은 맥주다. 특히 비만이 심각한 사회문제로 떠오른 미국에서는 라이트 비어 상품이 출시되고 있다. 다이어트에 관심이 많은 일본에서도 발포주를 중심으로 저칼로리, 저당질 맥주 및 맥주 음료가 출시되고 있다. 이러한 제품들은 주로 양조한 맥주를 희석시키거나 특별한 효모를 사용해 알코올 도수를 낮추는 방법으로 만들어진다.

랑비크(lambic)

랑비크는 벨기에의 브뤼셀 및 인근 지역에서 생산하는 자연 발효 맥주다. 배양 효모가 아니라 맥주의 나무통이나 브뤼셀 근교의 젠느 계곡에 서식하는 야생 효모를 사용하여 만드므로 원래 랑비크 맥주는 파요텐란트 지역이나 젠느강 주변에서 생산된 것만을 정식으로 인정한다.

탄산이 강하지 않은 랑비크는 밀이 들어가 프루티한 풍미가 느껴지

Zenne Valley

는 한편, 야생 효모와 박테리아의 영향으로 산미가 강한 것이 특징이다. 다른 맥주에 비해 완성되기까지 오랜 기간이 걸리는 편으로, 길게는 3년이 걸리기도 한다. 랑비크는 그대로 마시기도 하지만, 이를 변형해 파로(≫P.200), 크릭(≫P.195), 괴제(≫P.47) 등을 만들기도 한다.

ㄹ

랜들(randall)

맥주에 맛과 향을 주입할 수 있는 필터 장치다. 미국 도그피시 헤드 크래프트 브루어리(Dogfish Head Craft Brewery)에서 처음 발명한 것으로 알려져 있으며, 지금은 다양한 형태의 제품이 나와 있다. 탭에 직접 연결해 사용하며 홉을 주로 사용하지만, 허브나 과일 등을 넣기도 한다. 맥주를 마시기 직전에 맛과 향을 첨가할 수 있어 신선한 맛을 느낄 수 있다.

런던 맥주 홍수

1814년 10월 17일, 런던 세인트 자일스 교구에 위치한 '뮤 앤드 컴퍼니 브루어리(Meux and Company Brewery)'에서 맥주 통이 도미노처럼 연쇄적으로 터져 맥주 약 147만ℓ가 쏟아진 사건이다.

맥주가 홍수처럼 마을을 덮치는 바람에 가옥 두 채가 완전히 무너지고, 익사·압사·급성 알코올 중독으로 시민 아홉 명이 목숨을 잃었다. 악몽 같은 일이 실제로 벌어졌다.

STYLE

레드 에일(red ale)

아이리시 레드 에일(irish red ale)
비스킷처럼 고소한 맥아의 풍미와 은은한 단맛이 느껴지는 풀 보디 맥주.

플랑드르 레드 에일(flanders red ale)
유산균을 사용한 벨기에 맥주 스타일. 붉은 맥아를 사용해 붉은색을 띠며, 산미가 강하고 베리류나 자두 같은 과일의 풍미가 난다.

ㄹ

아메리칸 레드 에일(american red ale)
호박색에서 짙은 붉은색을 띠는 에일로, 아메리칸 앰버(american amber)라고도 불린다. 맥아의 진한 풍미가 홉과 조화를 이룬다.

레이우엔훅(Anton van Leeuwenhoek, 1632~1723)
네덜란드의 과학자로, 풀네임은 안톤 판 레이우엔훅(Anton van Leeuwenhoek)이다. 세계 최초의 미생물학자였던 그는 '미생물학의 아버지'라 불린다. 직접 만든 현미경으로 다양한 미생물을 발견한 그는 사실 효모를 처음으로 목격한 인물이기도 하다. 참고로 화가 요하너스 페르메이르(Johannes Vermeer)의 작품 〈천문학자〉와 〈지리학자〉의 모델이기도 하다.

루트 비어(root beer)
영어로 '뿌리 맥주'라는 뜻으로, 전통적인 루트 비어는 녹나무과 식물인 사사프라스(sassafras)의 뿌리나 껍질을 사용해 만든 달콤한 음료다. 미국으로 건너간 유럽인들이 아메리카 원주민이 사용하던 사사프라스의 뿌리를 맥주 만들 때 쓰기 시작한 것이 그 시초다. 루트 비어는 예전부터 다양한 레시피가 존재했으나, 1876년에 미국 약사 찰스 엘머 하이어스(Charles Elmer Hires)가 최초로 상품화했다. 금주를 했던 하이어스는 자신이 개발한 무알코올 음료에 원래 '루트 티(root tea)'라는 이름을 붙이고 싶어했지만, 주요 구매자인 광부들이 좋아할 만한 '루트 비어'라는 이름으로 음료를 판매하기 시작했다. 후에 루트 비어에 쓰인 사사프라스는 사프롤

(safrole)이라는 독성 물질을 함유하고 있다는 사실이 밝혀져 사용이 금지됐으며, 오늘날에는 사사프라스 인공 향을 첨가하고 있다. 루트 비어는 맛과 향이 독특해서 호불호가 크게 갈리는 편이지만, 미국 식당에서 파는 '루트 비어 플로트'는 한번 빠지면 도저히 끊을 수가 없을 만큼 매력적이다.

루풀린(lupulin)

홉의 종명(種名)은 라틴어로 '작은 늑대'를 뜻하는 '후물루스 루풀루스(humulus lupulus)'이며, 홉의 구화 속에 있는 노란 분말 형태의 수지를 루풀린이라고 부른다. 바로 이러한 루풀린이 맥주에 쓴맛을 낸다(≫P.216 '홉').

STYLE

리얼 에일(real ale)

영국의 전통 제조 방식을 따른 에일 맥주를 말한다. 영국 전통 맥주를 되살리고자 1971년에 시작된 '캠페인 포 리얼 에일(Campaign for Real Ale, CAMRA)'의 일환으로 전통 에일 맥주를 공장 등에서 대량생산되는 에일 맥주와 구분하기 위해 사용한 표현이다. 일반 에일 맥주는 발효 후에 대형 숙성 탱크로 옮기지만, 리얼 에일은 캐스크(≫P.191)에 옮겨 일일이 컨디셔닝을 한다. 이때 여과나 열처리 과정을 거치지 않아 감칠맛을 내는 요소가 그대로 유지된다.

리히텐슈타인(Liechtenstein)

면적 160㎢, 인구 약 3만 7천 명으로, 스위스와 오스트리아 사이에 위치한 세계에서 여섯 번째로 작은 나라이다. 이 나라에서는 해마다 8월 15일이 되면 수도 파두츠에 위치한 성 앞마당에서 왕실이 주최하는 파티가 열린다. 맥주와 간단한 음식이 제공되는 이 파티에는 놀랍게도 '전 국민'이 초대를 받는다. 참 부럽다. 맥주분야에서는 비록 작은 나라이지만 다양한 스타일의 맥주를 만드는 양조장이 두 곳이나 있다.

마녀

중세 영국에서는 여성이 에일을 만드는 일을 담당했다. 이렇게 만든 에일은 주로 가정에서 소비됐지만, 에일을 만들어서 판매하는 사람도 있었다. 이들을 '에일와이프(≫P.158)'라고 불렀다. 흔히 마녀라고 하면 뾰족한 모자, 고양이, 부글부글 끓는 냄비, 빗자루 등을 연상하는데, 사실 이러한 것들은 에일와이프에 공통된 모티브였다. 고양이는 맥아를 노리는 쥐를 쫓는 역할을 했고, 뾰족한 모자는 에일와이프를 한눈에 알아볼 수 있는 표식 같은 것이었다. 맥아즙을 만들 때면 냄비가 부글부글 끓어올랐고, 빗자루는 청소 도구일 뿐만 아니라 문 앞에 걸어 에일 판매처를 나타내는 간판으로 사용되기도 했다. 그렇다면 에일와이프들이 마녀였던 것일까.

그건 아니다. 당시에는 발효의 원리가 밝혀지지 않아 맥주를 만드는 과정이 신비에 둘러싸여 있었다. 마녀사냥이 대대적으로 벌어졌던 시대에는 장사를 잘하거나 미모가 뛰어나다는 이유 등으로 주위로부터 반감을 산 에일와이프들이 마녀로 몰려 장사에 어려움을 겪거나 최악의 경우에는 죽음을 당하기도 했다.

마우스필(mouthfeel)

'마우스필'은 직역하면 '입의 감각'이라는 뜻으로, 뭔가를 먹거나 마실 때 혀나 치아 등에 닿는 느낌, 입안에 느껴지는 감각이나 감촉을 말한다. 맥주에서 마우스필은 중요한 특징 중 하나로, 보디(≫P.115)나 탄산의 강도, 당도 등에 따라 달라진다.

마이크로 브루어리(microbrewery)

마이크로 브루어리는 대형 맥주 회사와는 달리 소규모로 운영되는 맥주 양조장을 뜻한다. 기본적인 뜻은 그렇지만, 나라마다 정의가 다르므로 양조장의 규모 또한 제각기 다르다. 일본에서 맥주의 제조면허 취득에 필요한 연간 생산량은 최소 60kℓ에 불과하지만, 미국에서는 연간 생산량이 1800kℓ 미만인 브루어리를 모두 마

나노 브루어리

마이크로 브루어리

스몰 브루어리

리저널 브루어리

라지 브루어리

이크로 브루어리라 부른다. 그보다 큰 양조장은 규모에 따라 스몰 브루어리(small brewery), 리저널 브루어리(regional brewery), 라지 브루어리(large brewery)라 부른다.

마이클 잭슨(Michael Jackson, 1942~2007)
영국 출신의 세계적인 맥주 평론가. 맥주 업계의 스타로, 일명 '비어 헌터(The Beer Hunter)'라 불렸다. 위스키도 그의 전문 분야였으나, 맥주 분야에서 더 많은 업적을 남겼다. 특히 미국에 다양한 맥주 문화가 자리하는 데 큰 영향을 끼쳤으며, 맥주에 '스타일'이라는 개념을 정착시킨 인물로 유명하다. 저널리스트이기도 했던 그는 맥주 관련 서적을 여러 권 집필했다. 맥주에 대해 더 깊이 알고 싶다면 그의 저서를 한번 읽어보기 바란다.

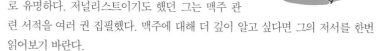

STYLE

마일드 에일(mild ale)
영국에서 유래된 맥주 스타일로, 옅은 색에서 진한 갈색을 띤다. 홉의 풍미가 강하지 않아 마일드 에일이라 불린다. 알코올 도수는 낮은 편이지만, 무게감이 느껴지

는 풀 보디 맥주다. 맥주를 물처럼 마셔대는
노동자들을 겨냥해 만든 맥주로, 일을 마친 뒤
실컷 마셔도 집에 무사히 들어갈 수 있을 만큼
순하다. 혹시 그 당시에 만취 상태가 되어 집
을 찾지 못한 남편들이 많았던 것은 아닐까.
그런 남편을 둔 아내가 양조장에 순한 맥주를
만들어 달라고 부탁했을지도…….

※아무리 순한 맥주도 과음하면 취합니다.

만리장성(萬里長城)

만리장성은 중국 북쪽에 동서로 길게 뻗은 장벽
을 말한다. 적들의 침략을 막기 위해 세워진
벽으로, 그 길이가 무려 2만㎞가 넘는다. 세계
7대 불가사의 가운데 하나로, 오늘날에는 유
명한 관광 명소가 됐다. 오래되어 걷기 힘든
부분이 있지만, 일정한 간격으로 세워져 있
는 망루 곳곳에 시원한 맥주를 파는 사람들
이 기다리고 있다. 경치도 좋아 마음 같아서는
한잔하고 싶지만, 술을 마시면 긴장이 풀려 위험할
수 있으니 주의하자.

만우절(April Fool's)

2014년 4월 1일, 새뮤얼 애덤스(Samuel
Adams)라는 맥주 브랜드에서 헬륨 가
스를 주입해 만든 새로운 맥주 '헬리염
(HeliYUM)'을 판매한다고 발표했다(영
어로 'yum'은 맛있다는 뜻). 마시면 목소
리가 변하는 맥주라니, 파티에 정말 잘
어울리겠는걸! 하지만 아쉽게도 이 발표는 만우절 농담이었다. 브루어들은 이날을
기다리며 지금도 재미있는 맥주 개그를 짜고 있을 것이다.

만작(晩酌)

저녁 식사를 할 때나 혹은 그 시간대에 술을 마시는 습관. 또는 그 술을 가리킨다.

말차 맥주

이름처럼 말차를 섞은 맥주를 말한다. 말차를 따뜻한 물에 잘 갠 다음, 그 위에 맥주를 부어 섞기만 하면 된다. 일본에서 독자적으로 개발한 맥주 칵테일이라고도 할 수 있다. 깔끔한 맛으로 인기를 끌고 있다.

매슈 페리(Matthew Calbraith Perry, 1794~1858)

대체 누가 그린 거야?

매슈 캘브레이스 페리는 19세기의 미국 군인으로, 쇄국 정책을 펼치던 일본을 개항시킨 인물로 유명하다. 일본인이라면 무시무시한 형상을 한 그의 초상화를 한 번쯤 본 적이 있겠지만, 사실 그는 일본이 개항했을 당시, 이를 축하하는 기념 파티에 일본인 관리 70명을 초대할 만큼 호탕한 인물이었다. 푸짐한 음식과 맛있는 음료 그리고 맥주에 둘러싸인 관리들은 평소의 경직된 자세에서 벗어나 편안하고 유쾌하게 파티를 즐겼다고 한다.

이 파티에는 가와모토 고민(≫P.41)도 출석했다는 소문이 있지만, 사실인지 아닌지는 알 수 없다. 다만 그날 열린 선상파티는 일본의 문명개화와 일본 맥주사의 서막이 오르는 것을 기념하는 밤이 아니었을까 싶다.

매시(mash)

맥아를 분쇄한 그리스트(≫P.51)에 뜨거운 물을 섞은 것. 이것을 가열하는 과정을 매싱이라고 한다. 이 과정을 거쳐야 맥아의 효소가 작용해 보리의 전분이 당화된다.

맥아(麥芽)

≫P.99 '몰트'

맥아 식초(malt vinegar)

영국인들이 즐겨 먹는 맥주 안주인 피시 앤드 칩스에 뿌리는 전통 식초. 맥아로 만든 에일

을 식초가 될 때까지 발효시킨 것으로, 일반 곡물 식초보다 부드럽고 순하다. 맥주를 넣은 튀김옷을 입혀 기름에 튀겨 낸 생선과 잘 어울린다. 샐러드나 피클 등 다른 요리에도 사용한다.

맥아 제조
보리를 발아시켜 맥아 즉, 몰트를 만드는 공정을 말한다(≫P.99 '몰트').

맥아즙

맥아를 분쇄한 다음, 뜨거운 물에 담가 가열하여 맥아 속 전분을 당화시킨 액체를 말한다. '워트(wort)'라고도 부른다. 맥주뿐만 아니라 위스키에도 사용되는데, 아직 홉을 첨가하기 전인 워트를 '스위트 워트(sweet wort)', 홉을 첨가한 워트를 '비터 워트(bitter wort)'라고 한다.

맥주와 위스키의 재료다

맥주(beer)
맥주를 뜻하는 일본어 '비루(ビール)'라는 표현은 네덜란드어에서 유래된 표현이다. 일본에서는 1724년 관리가 작성한 기록에 '히루(ヒイル)'라는 표현으로 처음 등장했다. 메이지 시대 이후 외래어사전에 '비야(ビーヤ)', '비아(ビーア)', '비루(ビール)'로 실렸다. 애초에 'Beer'라는 말 자체는 어디서 왔을까. 확실히는 알 수 없지만, 라틴어로 '음료'를 뜻하는 'biber'에서 왔다는 설과 인도유럽조어(Proto-Indo-European language, PIE)로 '곡물'을 뜻하는 말에서 온 것이라는 설이 유력하다. 참고로, 에일의 어원은 게르만어로 '마법, 마력, 취기'를 뜻하는 'alu-'로 알려져 있다.

맥주 거리와 진 골목(Beer Street and Gin Lane)

1751년 영국의 화가 윌리엄 호가스(William Hogarth)가 '진 광풍(시민들의 진 과잉 섭취로 발생한 사회문제, ≫P.183)'의 해결 방안이 마련되던 시기에 제작한 판화 작품이다. 시민들에게 진 대신 그보다 알코올 도수가 낮은 맥주를 마시게 하려는 의도가 담겨 있다. 만취한 이들로 엉망이 된 진 골목(≫P.89)과 행복한 분위기의 맥주 거리(≫P.88)의 모습이 대조를 이룬다.

GIN LANE.

이미지 제공: New York Public Library

(P.88)The Miriam and Ira D. Wallach Division of Art, Prints and Photographs: Print Collection,
The New York Public Library. "Beer Street" The New York Public Library Digital Collections. 1751.
(P.89)The Miriam and Ira D. Wallach Division of Art, Prints and Photographs: Print Collection,
The New York Public Library. "Gin Lane" The New York Public Library Digital Collections. 1751.

맥주 머그

흔히 '조끼'라고도 부르는데 주전자라는 뜻의 영어 'jug'에서 온 말로, 일본의 막부 말기에 잘못 쓰인 외래어가 그대로 정착되어 맥주 머그를 의미하게 됐다(한국에서도 식민지 시대의 영향으로 맥주 머그를 의미하는 용어로 사용됐다). 라거를 주로 맥주 머그에 따라 마시는데, 맥주 머그 용량은 작은 것은 200~300㎖, 중간 크기는 350~500㎖, 큰 것은 700~800㎖ 정도다.

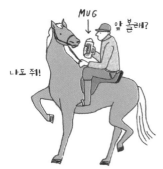

맥주 배

술 때문에 나온 배를 가리켜 '술 배', '맥주 배'라고 한다. '맥주를 너무 많이 마셔서' 찐 것인지 과학적으로 증명된 것은 없으나 술을 많이 마시는 이들 사이에서는 통용되는 표현이다.

맥주 빙수

루팡 3세(TV애니메이션 시리즈 〈루팡 3세〉의 주인공)가 발명한 맥주를 색다르게 마시는 방법이다. 빙수에 시럽 대신 맥주를 뿌려 먹는 것으로, 여름에 즐길 수 있는 소박한 별미다. 무더운 주말 낮에 한번 드셔보시길.

맥주 빵

맥주를 이용하면 간편하게 맛있는 빵을 구울 수 있다. 맥주의 풍미가 빵에 향긋함과 깊은 맛을 더한다. 이 책에서는 '허니 비어 브레드'의 레시피를 소개하겠다. 레시피대로 만들면 향긋한 빵을 구울 수 있다.

재료

강력분…375g
맥주…1캔(350㎖)
녹인 무염 버터…4분의 1컵
벌꿀…2큰술
흑설탕…2큰술
소금…1작은술
베이킹파우더…1큰술

만드는 방법

① 오븐을 180℃로 예열. 식빵 틀에 기름을 바르고 쿠킹 시트를 깐다.
② 큰 볼에 밀가루, 흑설탕, 베이킹파우더, 소금을 넣고 섞는다. 벌꿀을
  5~10초 정도 전자레인지에 돌려 부드럽게 풀어둔다.
③ 나무 주걱으로 벌꿀과 맥주를 섞어 ②에 부은 다음, 완전히 섞는다.
④ 녹인 버터의 2분의 1 분량을 식빵 틀에 부어 넓게 퍼뜨린 다음, 그 위
  에 반죽을 담고 그 위에 남은 버터를 뿌린다.
⑤ 요리붓으로 버터를 펴 바른다.
⑥ 오븐에서 50~60분 동안 굽는다. 빵이 갈색빛을 띠고, 칼이나 꼬치로
  속을 찔렀을 때 반죽이 묻어나오지 않으면 다 구워진 것이다.

맥주 순수령(Reinheitsgebot)

1516년 독일 바이에른 공국의 빌헬름 4세가 공표한
식품 조례로, 맥주는 오로지 보리와 홉, 물만으로 만들
어야 한다는 내용이다. 이 법은 안전성이 검증되지 않은
맥주의 생산을 단속하고, 맥주 양조에 밀과 호밀을 사용하
지 못하게 하여 빵을 안정적으로 공급하기 위해 도입됐다.
당시 바이에른 지방은 귀족들의 밀맥주 양조만을 예외적으
로 허용하여 바이젠이 생산됐다. 바이젠을 '귀족의 맥주'라 부르게 된 것도 여기에
서 유래된 것이다. 사실 맥주 순수령에는 맥주를 만드는 데 매우 중요한 재료가 하
나 빠져 있었다. 바로 '효모'다. 그래서 맥주 순수령이 발표된 지 35년이 지난 뒤에
'Hefe', 즉 '효모'도 재료로 인정을 받았다. 맥주 순수령은 유럽 연합 내 다른 국가
로부터 비관세장벽이라는 지적을 받은 끝에 1993년에 새로 제정하고, 그동안 제
한했던 부원료의 사용을 인정했다. 하지만 여전히 독일 내 많은 양조장에서는 품
질이나 역사를 중요시해 지금도 맥주 순수령을 지키고 있다.

맥주잔

과거에는 맥주를 도기나 땜납(납과 주석의 합금)으로 만든 탱커드(tankard)라는 머
그잔에 따라 마셨다. 맥주의 부유물이나 탁한 부분을 가리기 위해서였다. 하지만
양조 기술이 발달하고 필스너처럼 투명한 맥주를 만들려는 움직임이 증가하자 맥
주 용기가 유리제로 빠르게 바뀌었다. 유리 용기는 색이나 거품 등 맥주의 시각적
인 요소를 즐길 수 있고 맥주의 특징을 고려해 다양한 형태로 만들 수 있다는 장점
이 있었다. 벨기에 맥주의 90% 이상은 전용 글라스가 있다고 하니 맥주잔의 세계
는 심오하다.

플루트 샴페인 글라스
(flute champagne glass)

세로로 긴 글라스가 탄산을 오래
유지시키므로 샴페인 글라스처럼
우아하게 거품을 음미할 수 있다.
→ 람비크 같은 자연 발효 맥주,
보크, 필스너

고블렛(goblet)/
챌리스(chalice)

섬세한 디자인부터 화려한 디자인
까지 다양한 종류가 있어 보는 즐
거움이 있는 잔이다. 탄산을 오래
유지할 수 있도록 잔 안쪽 바닥에
홈을 새긴 것도 있다.
→ 트라피스트 맥주, 벨지언 스트
롱 에일

머그(mug)/
슈타인(stein)

튼튼하고 큼직한 머그는 힘차게
건배를 하기에 안성맞춤이다. 술
술 넘어가는 느낌이 좋은 라거를
마시기에 알맞다. 또 보냉성이 뛰
어나 차갑게 마시는 맥주에도 잘
어울린다.
→ 라거

필스너 글라스
(pilsener glass)

거품이 올라오는 모습을 바라보기
좋은 긴 잔이다. 다리가 달린 유럽
스타일은 포칼(pokal)이라고 한다.
→ 필스너 같은 라거

파인트 글라스(pint glass)
(텀블러tumbler, 베셔becher)

영국이나 아일랜드의 펍에서 흔히
볼 수 있는 잔으로, 거품이 오래간
다. 영국과 미국의 파인트 글라스
는 크기가 다르다.
→ 다양한 맥주

스니프터(snifter)

코냑이나 브랜디에 많이 사용하
며, 특히 향을 즐기기에 좋은 잔이
다.
→ 보크, 스트롱 에일

슈탕에 글라스(stange glass)

독일의 전통 글라스. 맥주의 섬세
한 풍미를 도드라지게 한다.
→ 쾰슈, 람비크

튤립 글라스(tulip glass)

거품과 맥주를 동시에 마실 수 있
게 만들어진 글라스.
→ IPA, 스카치 에일

바이젠 글라스(weizen glass)

바이에른 지방의 전통 글라스.
→ 바이젠, 고제

큰 와인 글라스(wine glass)

향이 잘 올라오며, 곡선을 이루는 형태 때문에 촘촘한 거품이 형성된다.

→ 벨기에 맥주

탱커드(tankard)

주로 금속이나 유리, 도기로 만든 전통적인 용기.

→ 좋아하는 맥주

비어 부츠(beer boots)

옛날에 어느 장군이 '전쟁에서 승리하면 부츠에 맥주를 가득 채워 마시게 해주겠다!'라고 부하들에게 약속한 것에서 유래됐다고 한다.

→ '승리'의 맥주

그 밖의 특이한 잔

파우웰 콱(Pauwel Kwak) 전용 글라스
※마차를 운전하면서도 맥주를 마실 수 있게 개발됐다는 말이 있다.

목제 탱커드

후지산 글라스

섹시한 머그

대나무 맥주잔

전통적인 비어 슈타인
(beer stein)

비어 혼(beer horn)

※바이킹의 뿔피리를 모티브로 한 맥주잔.

93

맥주 전쟁

미국 금주법 시대에 시카고 갱단 사이에서 맥주 밀조를 둘러싸고 벌인 전쟁을 말한다(≫P.153 '알 카포네').

맥주 키트(beer kit)

집에서 맥주를 만들 수 있는 수제 맥주 키트다. 현재 일본에서는 알코올 도수가 1% 이상인 맥주를 집에서 만드는 것은 위법이기 때문에 1%라면 맥주를 만들 수 있다. 인터넷 등을 통해 다양한 맥주 키트를 구입할 수 있다.

맥주 통

많은 양의 술 등을 담는 원통형 용기를 말한다. 캐스크(≫P.191), 배럴(≫P.110), 케그(≫P.192) 모두 맥주 통의 일종이다.

STYLE

메르첸(märzen)

독일 바이에른 지방에서 탄생한 맥주 스타일로, 일명 '옥토버페스트 맥주'로도 유명하다. 원래 냉장고가 없던 시절, 독일 농가에서 날이 더워지기 전인 3월(메르첸)에 만들어 여름에 마시던 맥주였다. 가을에 겨울용 맥주를 새로 만들기 전에 맥주 통을 비우기 위해 남은 맥주를 전부 마실 목적으로 옥토버페스트가 생겼다는 이야기가 있다. 맥주는 더운 여름에 갈증을 해소시켜준 고마운 존재였는데, 더운 날씨에도 상하지 않도록 비교적 알코올 도수가 높은 맥주를 만들었다.

메이슨 자(Mason jar)

메이슨 자는 1858년에 존 랜디스 메이슨(John Landis Mason)이 미국 필라델피아주에서 발명한 유리 보존 용기다. 주로 잼이나 시럽, 피클, 살사소스 같은 보존 식품을 만들 때 사용하도록 개발된 상품이지만, 그밖에도 다양한 용도로 쓰이고 있다. 고전적인 디자인으로 여전히 큰 인기를 끌고 있다. 레스토랑이나 바에서 주스 잔이나 맥주잔으로도 사용되고 있는데, 멋스러울 뿐만 아니라 음료의 용량을 정확히 알 수 있다는 장점도 있다.

메이지 유신(明治維新)

메이지 유신은 막부 체제를 무너뜨리고 천황 친정 형태의 국가를 이룬 대변혁과 일련의 개혁을 말한다. 그 일환으로 메이지 정부는 서양 문화를 조사할 목적으로 사절단을 파견했다. 1년 10개월 동안 미국과 유럽 각 국을 탐방한 사절단은 서양의 뛰어난 맥주 양조 기술을 목격했다. 홉의 재배와 양조 시설, 맥주의 소비 행태 등을 관찰한 그들은 풍요로운 맥주 문화가 국가의 개화 수준을 나타내는 척도라는 인식을 갖고 일본으로 돌아갔다. 이들의 의견을 받아들인 일본 정부가 맥주와 위스키를 비롯한 '양주'를 서양화·근대화의 일환으로서 지원했고, 이는 맥주가 일본에 널리 확산되는 결과를 낳았다.

메이플라워호(Mayflower)

1620년 영국에서 미국으로 건너간 필그림 파더스(pilgrim fathers, 본국에서 종교적 박해를 피해 순례의 길을 떠난 사람들)들이 승선한 배의 명칭. 그들은 원래 이미 영국의 식민지였던 버지니아주로 향했으나, 맥주가 떨어지는 바람에 어쩔 수 없이 매사추세츠주 연안의 플리머스에 상륙했다.

농담처럼 들리겠지만, 항해 중인 선박에서는 마실 물을 구할 수 없으니 맥주가 떨어진다는 것은 심각한 문제였다. 모국인 영국에서조차 맑은 물을 구하기 힘들어 생수를 마시는 관습이 없었던 그들은 배에서 내리자마자 곧바로 맥주를 만들기 시작했다고 한다. 그들이 새로운 땅에서 마신 맥주는 과연 어떤 맛이었을까.

명언

맥주를 사랑한 위인들이 남긴 맥주 명언. 인간의 문명에 맥주가 얼마나 큰 역할을 차지하는지를 보여준다.

"신의 목소리는 맥주처럼
부드럽고 풍부하다."
앤 섹스턴(시인)

Anne Sexton

"내가 사랑에 빠진 것은
맥주와 거울뿐이다."
시드 비셔스(뮤지션)

Sid Vicious

"와인 속에는 지혜가 있다.
맥주 속에는 자유가 있다.
물속에는 박테리아가 있다."
벤저민 프랭클린(정치인)

Benjamin Franklyn

"1쿼트(약 1.14ℓ)의 맥주는
왕자의 식사다." 『겨울 이야기』 중에서
윌리엄 셰익스피어(극작가)

William Shakespeare

Martin Luther

"맥주를 마시는 사람은
일찍 잠자리에 든다.
잠을 오래 자는 사람은 죄를 짓지 않는다.
죄를 짓지 않은 사람은 천국에 간다.
그러니 맥주를 마시자!"
마르틴 루터(사상가·종교개혁자)

"과학자들이 연구를 통해 맥주가 간과
장에 좋다는 사실을 밝혀냈어요.
앗, 실수! 과학자가 아니라
아일랜드인이었네요."
티나 페이(코미디언)

Tina Fey

Arnold Schwarzenegger

"우유는 아기들이나 마시는 음료다.
성인이라면 맥주를 마셔야 한다."
아널드 슈워제네거(배우·정치가)

"독한 맥주와 쌉쌀한 담배
그리고 잘빠진 여자, 이건 딱 내 취향이야."
『파우스트』 중에서
괴테(시인·극작가)

Johann Wolfgang
von Goethe

모리 오가이(森 鴎外, 1862~1922)

메이지·다이쇼 시대의 일본 소설가이자 군의관이
다. 1884년에 위생 제도를 조사하기 위해 독일
로 유학을 떠났는데, 이때의 여행을 기록한『독일
일기(独逸日記)』를 보면 그가 맥주를 얼마나 마음에
들어했는지 알 수 있다. 일기 중에는 독일인 의대생
동료 가운데 맥주를 놀랍게도 스물다섯 잔이나
마시는 친구가 있는데 자신은 세 잔이 한계라며
안타까워하는 내용이 담겨 있다. 또한 10월에 뮌헨에
머무른 그는 운 좋게 옥토버페스트에 참석해 즐거운 시간
을 보낸 하루를 글로 남기기도 했다.

뮌헨의
옥토버페스트는
참 즐거웠지

BREWERY

모지항 지역 맥주 공방(門司港地ビール工房)

이곳은 미국 타코마항(港)이 보이는 거리에서 지역 맥
주를 처음 맛보고 크게 감동한 주인이 옛 정취가 물씬
풍기는 모지항에서도 항구를 바라보며 맛있는 지역 맥
주를 마실 수 있었으면 좋겠다는 생각으로 차린 가게
다. 맥주를 한 번에 소량(1500ℓ)씩 들어오기 때문에 늘
신선한 맥주를 마실 수 있다. 정통 바이젠과 페일 에
일 이외에도 쇼와 시대 초기에 이 지역에서 즐겨 마신
맥주를 모델로 한 '모지코에키 맥주' 등을 생산하고 있
다. '모지코에키 맥주'는 두 종류의 캐러멜 맥아를 사
용한 라거 맥주로, 홉을 아낌없이 넣어 홉의 진한 쓴맛
을 느낄 수 있다.

ⓘ 801-0853 후쿠오카현 기타큐슈시 모지구 히가시미나토마치 6-9 소분도 빌딩(福岡県北九州市門司区
東港町6-9宗文堂ビル) 전화: (+81) 93-321-6885 홈페이지: mojibeer.ntf.ne.jp

BREWERY

모쿠모쿠 지역 맥주(モクモク地ビール)

모쿠모쿠 지역 맥주는 미에현 이가시에 위치한 '이가노사토 모쿠모쿠 데즈쿠리
팜' 안에 있다. 일본은 1994년에 주세법 개정으로 맥주의 제조면허 요건이 완화되

어 각지에서 지역 맥주가 개발되기 시작했는데, 이곳은 그 이듬해인 1995년에 도카이 지방 최초의 맥주 브루어리로 출발했다. '발리 와인 효모 맥주'와 인근 공방에서 생산하는 맥아를 사용한 '세븐홉 라거'가 유명하다.

ⓘ 518-1392 미에현 이가시 니시유부네 3609(三重県伊賀市西湯舟3609)
　전화: (+81) 595-43-0909 홈페이지: www.moku-moku.com/monodukuri/beer

몰트(malt)

보리(주로 두줄보리)를 발아시켜 만드는 맥주의 주원료. 몰트를 만드는 과정은 다음과 같다. 먼저 보리를 물에 담가 발아를 시킨다. 그런 다음 발아 장치로 발아를 더욱 촉진해 단백질과 당을 분해시켜 녹맥아(綠麥芽)를 만들고, 마지막으로 이를 건조하여 성장을 중단시키면 맥아(몰트)가 완성된다. 수많은 공정을 거쳐야 하므로 일반적으로 양조장에서는 건조 과정까지 마친 맥아를 구입해서 사용하는데, 간혹 건조·로스팅 설비를 갖춘 양조장도 있다.

보리의 종류나 건조·로스팅 방법에 따라 다양한 종류의 맥아가 탄생한다. 또한 맥아의 종류에 따라 비스킷이나 캐러멜, 견과류, 커피 등 다양한 풍미가 생긴다. 만들고 싶은 맥주 스타일에 맞추어 브루어가 맥아의 종류를 선택하는데, 발아시키지 않은 보리나 보리가 아닌 다른 곡물을 사용할 때도 있다.

페일 몰트　　위트 몰트　　비엔나 몰트

캐러멜 몰트　　초콜릿 몰트　　블랙 몰트

몰트 리커(malt liquor)

미국의 주류로, 법적으로는 맥아를 사용해 만든 알코올 도수 5% 이상인 맥주를 지칭하지만, 쌀이나 옥수수, 양조용 당류 등을 많이 사용하여 알코올 도수를 높인 제품이 대부분이다. 알코올 도수는 대부분 6~9%이며, 홉은 그다지 사용하지 않는다. 원료를 최소화한 '단지 취하기 위한' 싸구려 술이라 여겨 싫어하는 사람도 많다.

무알코올 맥주

'맥주맛 음료'라고도 불린다. 알코올 도수가 1% 미만인 맥주 또는 맥주의 풍미를 지닌 발포성 탄산음료를 말한다. 단, 체질이나 몸 상태, 마신 양 등에 따라 취할 수도 있으므로 알코올 도수가 1% 미만이라고 해도 주의하는 것이 좋다. 최근에는 임산부나 운전자, 술을 전혀 마시지 못하는 사람들을 위해 알코올 도수가 0.00%인 상품도 다양하게 출시되고 있는데, 그중에는 홉이나 맥아의 향이 뛰어나 맥주와 상당히 비슷한 상품도 있어 마치 취한 기분이 들 때도 있다.

물

너무 당연해서 자칫 잊기 쉬운 맥주의 원료가 바로 물이다. 맥주 원료의 90% 이상을 차지하는 만큼 토지마다 다른 물의 성질은 맥주 제조에 큰 영향을 끼친다. 지금도 마찬가지지만, 특히 양질의 물을 얻기 어려웠던 중세 유럽에서 맥주를 만드는 사람들에게 바로 쓸 수 있는 깨끗한 물은 그야말로 보물같은 존재였다. 양조장 중

일본에는 맛있는 물이 많이 있어요

에 용수나 지하수를 사용하는 곳이 많은데, 오늘날에는 염소를 제거한 수돗물로도 충분히 맛있는 맥주를 만들 수 있다.

뮌헨(München)

고대 독일어로 '수도승들의 공간'을 뜻하는 '무니헨(Munichen)'에서 유래된 뮌헨은 원래 수도원을 중심으로 조성된 도시였다. 독일 남부에서 가장 큰 도시로, 바이에른주(≫P.106) 남단에 위치한 뮌헨은 세계에서 가장 규모가 큰 '옥토버페스트(≫P.165)'가 열리는 도시이기도 하다.

뮌헨 폭동

비어 홀 폭동(Bürgerbräu-Putsch)이라고도 불리는 이 폭동은 1923년에 히틀러가 이끄는 나치당을 포함한 2천 명이 참여한 쿠데타다. 당시 뮌헨에 있던 뷔르거브로이켈러(bürgerbräukeller)라는 비어 홀에서 시작됐으나, 세력이 부족해 실패했을 뿐만 아니라 지도자였던 히틀러는 체포되어 형무소에 수감됐다. 하지만 이 사건을 계기로 히틀러는 자신의 이름과 사상을 널리 알리게 됐고, 정권을 잡은 뒤에는 매년 같은 비어 홀에서 쿠데타를 기념하는 연설을 했다고 한다. 비어 홀도 즐거운 일만 벌어지는 곳은 아닌가 보다.

미국(United States of America)

1492년에 탐험가 크리스토퍼 콜럼버스(Christopher Columbus)가 미국에 발을 내디딘 후, 새로운 세상을 꿈꾸는 많은 유럽인들이 미국으로 이주했다. 사실 이민자들이 가기 전부터 아메리카 원주민들이 옥수수로 맥주를 만들어왔지만, 미국으로 건너간 이민자들 역시 와인보다는 맥주를 즐겨 마시는 편이었다. 이들은 대부분 유럽의 한랭지대, 즉 포도를 재배할 수 없지만 보리는 재배할 수 있는 지역에서 왔기 때문이다.

새로운 땅에 정착한 이들은 곧바로 맥주를 만들기 시작했다. 처음에는 에일 맥주만 만들었으나, 19세기 중반에 바이에른 지방에서 하면발효효모를 수입하면서 단숨에 라거 위주로 바꾸었다. 그 무렵 미국에 오는 이민자들 중에는 탄광의 광부로 일하러 간 사람이 많았기 때문에 가볍고 깔끔한 라거가 에일보다 인기를 끌었을 것이다. 하지만 20세기 초반에 금주법이 시행되고 폐지 후에도 대형 맥주 업체가 시장을 독점한 탓에 과거에 4천 곳이 넘었던 미국의 브루어리가 한때 100곳 이하로 줄어들면서 미국 맥주는 개성을 잃고 평범해졌다. 그런데 1965년에 프리츠 메이택(≫P.205)이 앵커 브루잉 컴퍼니 (Anchor Brewing Company)를 매입해 되살리면서 이를 계기로 변화가 일어났다. 미국 각지에 마이크로 브루어리가 생겨나기 시작한 것이다. 초기에는 변화의 속도가 느렸지만, 차츰 마이크로 브루어리가 빠르게 증가했다. 1970년대 후반부터 시중에서 구할 수 없는 맥주를 직접 만드는 홈 브루어들이 나타났다. 그 후 웰빙열풍과 미식 열풍 그리고 지역 산업 활성화 움직임이 일어나면서 1990년 무렵, 크래프트 비어의 시대가 열렸고 맥주 업계가 다시 활기를 되찾으며 미국의 독자적인 맥주 문화가 탄생했다. 전통에 얽매이지 않고 참신한 맥주를 자유롭게 만드는 미국의 분위기는 세계 각국에 큰 영향을 끼쳤다.

미네랄(mineral)

미네랄 성분은 물의 성질을 좌우하는 중요한 요소다. 맥주 스타일에 따라 알맞은 물의 성질이 달라진다. 칼슘, 마그네슘 등 미네랄 함량이 많은 물을 경수, 미네랄 함량이 적은 물을 연수라고 하는데, 일반적으로 경수는 에일에, 연수는 라거에 사용한다.

BREWERY

미노오 맥주(箕面ビール)

오사카부 북부에 위치한 미노오시에 브루어리를 둔 미노오 맥주. 필스너, 스타우트, 페일 에일, 바이젠, W-IPA 등 다섯 가지 대표 맥주와 캐스크에서 숙성시키는 전통 제조법으로 만든 '리얼 에일(≫P.82)'도 생산하고 있다. 양조와 관리에 상당한 노력이 필요하지만, 그만큼 일반 맥주와는 다른 맛을 느낄 수 있는 고급 맥주가 바로 '리얼 에일'이다.

① 562-0004 오사카부 미노오시 마키오치 3-14-18
(大阪府箕面市牧落3-14-18) 전화: (+81) 72-725-7234
홈페이지: www.minoh-beer.jp

미드(mead)
벌꿀을 넣어 만든 고대 증류주. 물과 벌꿀, 효모로만 만든 술로, 맥주나 와인보다 훨씬 오래 전부터 마셨다는 설이 있다. 그 당시 벌꿀은 지금보다도 훨씬 귀한 감미료였는데, 미드가 너무 인기를 끈나머지 벌꿀이 부족해질 정도였다. 그래서 벌꿀의 대용품으로 발아를 시켜 단맛을 낸 곡물, 즉 맥아를 사용하게 됐고, 이것이 '에일'의 시초가 됐다고 알려져 있다.

미인주(美人酒)
곡물 등을 씹은 뒤 다시 뱉어낸 것을 발효시켜 만드는 고대의 술. 자연 상태에 가장 가까운 알코올음료로, 우리가 지금 마시고 있는 술의 원형으로 알려져 있다. 침에 들어 있는 아밀라아제(≫P.147)가 곡물 속 전분을 분해해 당화시키면 야생 효모의 발효를 통해 술이 만들어진다.

밀

밀은 인류가 매우 오래 전부터 중요하게 생각해온 곡물이다. 기원전 6700년경에 이미 밀가루를 생산했고, 밀 재배를 하고 있었다. 11세기 무렵에는 이미 곳곳에서 밀을 사용해 맥주를 만들었다는 설도 있는데, 실제로 밀맥주(≫P.108 '바이젠·바이스비어', ≫P.170 '윗비어')가 생활에 침투한 것은 중세 시대 이후부터였다.

밀릿 비어(millet beer)

잡곡을 발효시켜 만드는 양조주로, 반
투 비어(bantu beer), 말와(malwa)로도
알려져 있다. 아프리카에서 널리 만들
어지고 있는 술로, 각 지역이나 민족에
따라 종류가 매우 다양하다. 일반적인
제조법은 다음과 같다. 먼저 잡곡을 미
지근한 물에 담가 발효시킨 다음, 말려서 빻는다.

그런 다음 빻은 가루를 찬물에 섞어 한 번 펄펄 끓인 후, 식으면 효모를 첨가해 며
칠 동안 발효시킨다.

밀크 스타우트(milk stout)

'밀크 스타우트' 혹은 '크림 스타우트'란, 유당(≫P.71)을 첨가해 은은한 단맛을 낸
스타우트를 말한다. 19세기 영국에서 노동자들에게 영양 공급을 위해 점심 식사
때 우유를 넣은 스타우트를 제공한 것에서 유래됐다. 양조 과정 중에 우유를 넣은
스타우트가 '건강 음료'로 팔리기도 했고, 때로는 '치료'의 일환으로 의사가 처방할
때도 있었다. 그러나 20세기 중반에 들어서 이러한 '건강 음료'로서의 기능을 의심
한 정부가 맥주에 우유를 첨가하는 것을 금지했다. 그 후 우유가 아닌 유당만 첨가
한 스타우트를 밀크 스타우트라 부르게 됐다.

유아에게도
좋고

체력도
길러주고

※그렇지 않습니다.

건강과 맥주

글: 오자와 모이카

나는 영양사로 일하지만, 달콤한 추하이(일본주에 탄산과 과즙을 넣은 음료_옮긴이)를 좋아한다. 그런데 내 주변에는 "단것을 먹으면 살쪄"라며 맥주만 마시거나 통풍에 걸릴까 봐 일본주나 위스키 같은 증류주만 마시는 등 술을 즐기면서도 나름 건강에 신경 쓰는 사람이 많아진 것 같다.

실제로 술을 마시면 장기적으로 어떤 영향을 받을까. 두려워서 알고 싶지 않았던, 술을 마셨을 때 살이 찌는 이유와 통풍에 걸리는 이유에 대해 이야기해보려고 한다.

우선 안주를 먹지 않고 술만 마시면 살이 찌지 않는다고 생각하기 쉬운데, 알코올은 1g당 7kcal로, 거의 버터와 비슷한 수준이다. 더군다나 알코올은 중성지방의 합성을 촉진하는 작용을 하기 때문에 달지 않아도 알코올 도수가 높으면 중성지방 합성이 강하게 촉진된다. 여기에 안주까지 더해지면 살이 찔 수밖에 없는 것이다.

또 '맥주를 마시면 통풍에 걸린다'고 생각하는 사람도 많은데, 통풍을 유발하는 요인은 푸린체가 분해될 때 생기는 요산이다. 맥주 속에 든 푸린체의 양을 식품 전체를 놓고 보았을 때는 그리 많지 않은 편이지만, 알코올음료 중에서는 확실히 많은 것이 사실이다. 그

렇다면 푸린체는 과연 무엇일까. 학창 시절에 들었던 생물 수업을 한번 떠올려보자. 푸린체는 세포핵 속의 핵산이라는 부분에 들어 있는 유전자 원료다. 즉, 세포의 수가 많을수록 푸린체도 많다는 뜻이다. 과잉 섭취로 요산 생산이 지나치게 증가하거나 요산의 배설량이 생산량을 따라잡지 못하면 혈중 요산 수치가 상승해 관절 등에 쌓여 통풍에 걸리게 된다. 즉, 맥주만 줄일 뿐 여전히 간이나 생선알을 즐겨 먹는다면 원인이 해소되지 않는다. 또 맥주 대신 다른 술을 마신다 해도 알코올의 이뇨 작용으로 소변 배출이 촉진되어 체내 수분이 감소된다. 그러면 결국 혈중 요산 농도가 증가해 통풍을 유발할 수 있다.

인간의 신체에는 세포 단위의 매우 복잡한 대사 경로가 있고 우리 몸은 그에 따라 움직이므로 어느 한 가지에 지나치게 집착하면 전체적인 균형이 무너져버린다. 무엇이든 '지나치면' 좋지 않다. 다양한 음식을 '적당하게' 섭취하고 운동을 열심히 하는 것이 건강을 유지하는 지름길일 것이다.

오자와 모이카(Moica Ohzawa)
고베에 거주 중인 영양사. 음식과 운동 등 건강과 관련된 여러 분야에 흥미를 느껴 대학에서 영양학을 공부했다. 지금은 위탁급식업체에 근무하며 병원이나 양로원에 식사를 제공하고 있다.

바(bar)

영어로 술집을 뜻하며, 미국에서 생겨난 말이다. '바'는 '봉(棒)'이라는 뜻으로, 원래 술을 저장하는 목제 카운터에서 유래됐다. 태번(≫P.196)이나 인(≫P.173), 펍(≫P.202)과 마찬가지로 과

거에는 교류의 장으로 쓰였으며, 출장 재판이나 지역 집회가 열리기도 했다. 주로 칵테일류나 양주, 와인, 맥주 그리고 가벼운 식사를 제공한다.

STYLE

바나나 맥주(banana beer)

'바나나 맥주'는 이름처럼 으깬 바나나를 발효시켜 만드는 아프리카의 전통 맥주를 말한다. '동아프리카 고지 바나나(east african highland bananas)'라 불리는 바나나를 적당히 숙성하여 만드는 것으로, 바나나즙에 수수 가루를 섞은 다음 야생 효모를 넣어 발효시킨다. 간단해 보이지만, 바나나의 숙성 정도를 알맞게 조절하는 것이 관건이므로 바나나를 준비하는 과정이 상당히 어렵다. 단맛과 신맛이 어우러진 상당히 센 맥주로, 상품화되어 전 세계에서 판매되고 있다. 하지만 역시 아프리카 현지에 가서 꼭 한번 마셔보고 싶다.

바비큐(BBQ/barbecue)

미국의 소울 푸드인 바비큐는 맥주와 밀접한 관련이 있다. 미국에서는 여름철이 되면 기다렸다는 듯이 곳곳에서 바비큐 파티가 열린다. 특히 남부의 바비큐가 유명한데, 여기에 맥주만큼 잘 어울리는 음료가 없다.

제대로 구운 바비큐는 제대로 된 맛을 내지

바이에른 · 바바리아(Bayern · Bavaria)

독일어로는 바이에른, 영어로는 바바리아라고 한다. 독일 남부에 위치한 주로, 주도는 맥주의 성지인 뮌헨이다. 독일에서 가장 오랜 역사를 지닌 주 가운데 하나로,

맥주의 역사도 그만큼 길다. 과거 수도원 맥주가 전성기를 맞았던 10~11세기에는 독일 전역에 총 500곳의 수도원 양조장이 있었는데, 그중 바이에른에만 총 300곳이 몰려 있었다고 한다. 현재 운영 중인 양조장 가운데 세계에서 가장 오래된 바이엔슈테판이 있는 곳 또한 바이에른주이며, 세계 최대 규모의 옥토버페스트(≫P.165)가 열리는 곳도 역시 바이에른주이다. 또 세계에서 가장 오래된 식품 조례인 맥주 순수령(≫P.91)이 탄생한 곳

München

역시 바이에른주다. 이처럼 맥주의 성지인 바이에른은 여전히 건재한 모습을 보이고 있다.

BREWERY

바이엔슈테판(Weihenstephan)

독일 뮌헨 교외에서 천 년 가까이 맥주를 만들어온 곳으로, 현재 운영 중인 양조장 가운데 가장 오래된 곳이다. 특히 바이젠에 주력하고 있다. 언덕이 멀리 보이는 광활한 부지에 신선한 맥주를 마실 수 있는 레스토랑도 마련되어 있다. 바이엔슈테판은 대학이자 연구기관이기도 하여 맥주 관계자들이 유학이나 연구 목적으로 이곳을 찾기도 한다. 맥주 효모를 배양해 전 세계에 판매하고 있다.

ⓘ Alte Akademie 2, 85354 Freising, Deutschland 전화: (+49) 8161-536-0
홈페이지: www.weihenstephaner.de

바이젠 · 바이스비어(weizen · weißbier)

'바이젠'은 독일어로 '밀', '바이스'는 '흰색'을 뜻한다. 독일 북부와 남부에서 각기 다른 명칭으로 부르지만, 바이젠과 바이스비어 모두 상면발효 밀맥주를 가리킨다. 밀맥주는 과거에 희소가치가 높아 '귀족의 맥주'로 불리기도 했다. 일본 크래프트 비어 중에서 인기가 많은 스타일이다. 독일의 바이젠은 그루트(≫P.51)의 50% 이상이 밀이다. 바이젠 중에도 다양한 스타일이 있지만, 대부분 프루티하고 씁쓸한 맛이 적은 편이다.

헤페바이젠
(hefeweizen)
헤페바이젠은 바나나와 비슷한 과일 향과 정향의 알싸한 향이 나며, 뒷맛도 깔끔하다. 헤페(hefe)는 독일어로 '효모(yeast)'라는 뜻으로, 헤페바이젠은 효모를 여과하지 않은 맥주다.

크리스탈바이젠
(kristallweizen)
크리스탈바이젠은 효모를 여과한 바이젠으로, 이름처럼 맑고 투명하며 맛도 깔끔하다. 바나나 향도 그리 진하지 않다.

바이킹(vikings)

8~11세기에 서유럽 인근 해역을 습격한 북유럽의 해적이다. 그들은 벌꿀과 곡물로 만든 미드(≫P.103)에 가까운 '미에드(mjöd)'라는 양조주나 밀맥주를 즐겨 마셨다. 무서운 바이킹들도 알고 보면 애주가였던 것이다. 바이킹들은 사후 세

계인 발할라(valhalla)에 가면 젖에서 맥주가 나오는 마법의 산양이 기다리고 있다고 생각했다.

바피르(bappir)

바피르는 맥주를 만드는 과정에 사용된 고대 맥아 빵이다. 기원전 3000년 경에 수메르인이 남긴 푸른 기념비라는 점토판에는 맥주 양조법이 나와 있다. 그 내용을

보면 밀을 발효시켜 맥아를 만든 다음 가루로 만들어 이 가루로 반쯤 익힌 맥아 빵을 굽는다. 이 맥아 빵을 바피르라고 하는데, 이것을 찢어서 물에 담가 발효를 시킨다. 그렇게 완성된 고대 맥주는 '시카루(≫P.143)'라 불리며 귀하게 여겼다. 이 빵은 식량으로 휴대할 수도 있어 원정길에서 깨끗한 식수를 구할 수 없을 때 도움이 됐다고 한다. 여행이나 캠핑 중에 생각나면 맥주를 만들 수 있는 휴대용 빵이라니! 오늘날에도 바피르를 얼마든지 사용할 수 있을 것 같은데, 혹시 만들어주실 분?

박테리아(bacteria)

세균이라는 뜻이다. 에탄올과 낮은 pH 덕분에 맥주 속에는 박테리아가 살기 힘든 편이지만, 그런 환경에서도 살아남은 박테리아는 꽤 빠르게 증식하므로 바로 손을 써야만 한다. 현재 맥주 양조에서는 일반적으로 배양 효모를 제외한 다른 균을 전부 '오염균'으로 보는데, 간혹 일부러 박테리아를 사용하는 특수한 맥주도 있다(≫P.79 '람비크'). 이처럼 의도적으로 사용하는 일부 경우를 제외하고, 박테리아는 '산패(≫P.128)'를 초래하는 등 맥주 양조에 문제를 일으킨다. 지금은 미생물 관리 기술이 발달해 걱정할 일이 많이 줄어들었지만, 과거에는 맥주가 오염될 위험이 지금보다 훨씬 컸기에 브루어들이 보이지 않는 적을 상대로 고군분투해야만 했다.

같이 놀자

STYLE
발리 와인(barley wine)

발리 와인은 '보리 와인'이라는 뜻으로, 알코올 도수가 8~12%로 비교적 높은 맥주 스타일을 말한다. 대부분 숙성 맥주로, 맥아의 단맛과 에스테르의 과일 향이 도드라진다. 색은 호박색에서 밤색을 띤다. 홉의 양은 종류에 따라 다르지만, 비교적 적게 들어가는 편이다. 추운 날, 천천히 마시며 몸을 덥히기 좋다.

와인처럼 치즈나 올리브를 안주 삼아 마셔도 좋다

109

발포주(發泡酒)

일본 법률에서는 '발포주'를 맥아 또는 보리를 원료의 일부로 사용한 발포성 알코올음료로 규정하고 있다. 법률에서 인정한 부원료가 맥아의 50%를 초과하지 않는 것은 '맥주', 이를 초과하는 것은 '발포주'로 분류된다. 또 법률에서 맥주의 원료로 인정하는 부원료 이외의 것을 조금이라도 사용하면 아무리 '맥주'에 가깝다 하더라도 '발포주'로 분류된다. 현재 일본에서는 발포주가 맥주보다 세율이 낮은데, 이러한 이점을 이용해 일부러 발포주로 분류되게 만들어 가격을 낮추려는 제품도 있다. 발포주를 '가짜 맥주'로 보는 부정적인 시선도 있지만, 꼭 그렇지만은 않다. 참고로, 일본 각 지역에서도 '지역 맥주'의 뒤를 이은 '지역 발포주'가 속속 등장하고 있다(한국에는 주세법상 '발포주'라는 분류가 없는데, 2017년 최초의 발포주가 시판되었고 주세법상 기타 주류로 분류되어 30%의 주세가 책정되었다. 이는 보통 주류에 부과되는 세금의 절반에 가까운 수준이다).

발효

'발효'는 효모균이나 유산균 같은 미생물이 유기물을 분해하는 과정을 말한다. 술을 빚을 때는 이러한 발효 작용이 반드시 이용된다. 맥주의 경우, 맥아즙을 발효시키면 맥아즙의 당류가 에탄올과

이산화탄소로 분해되어 탄산 알코올음료가 만들어진다. 때로는 당분이나 효모를 추가해 2차 발효 또는 3차 발효까지 할 때도 있다. 발효의 원리 자체가 규명된 때는 19세기이지만, 먼 옛날부터 술이나 식품을 만들 때 이러한 발효의 원리가 이용되어왔다. 된장, 간장, 쓰케모노(일본식 채소 절임) 등 일식에 사용되는 기본 재료나 빵과 치즈, 요구르트 등도 발효 작용을 이용한 식품이다.

배럴(barrel)

캐스크처럼 양조주와 증류주를 숙성할 때 사용하는 나무통을 말한다(≫P.191 '캐스크', '캐스크 컨디션').

배럴 에이지(barrel age)

위스키나 와인을 만들 때 사용한 나무통이나 나뭇조각을 이용해 술을 만드는 것을 말한다. 나무통에 배어 있는 술과 나무의 풍미를 맥주에 적절히 첨가하면 더 깊고

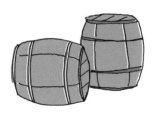

개성 있는 맛을 낼 수 있다. 예를 들어 버번위스키를 담았던 나무통은 바닐라나 토피의 향을 풍기는데, 이는 향이 풍부한 스타우트를 만들기에 좋다. 버번은 한 번 사용한 나무통을 다시 쓰지 못하는데, 이렇게 한 번 쓴 나무통을 맥주를 만들 때 재활용하면 자원도 절약할 수 있어 좋다.

배스 브루어리(Bass Brewery)

배스 페일 에일과 '빨간색 삼각형 마크'로 유명한 배스는 1777년에 설립된 영국의 맥주 브랜드다. 에일에 적합한 경수가 나는 '버턴 어폰 트렌트(Burton Upon Trent)'라는 곳에서 탄생했으며, 이곳의 트레이드 마크인 '빨간색 삼각형 마크'는 영국 최초의 상품 등록 기호로도 유명하다. 설립 100년 후에는 세계에서 가장 큰 브루어

ㅂ

리로 성장했으며, 이곳의 페일 에일 또한 세계 각

지로 수출됐다. 일본에서도 처음에는 배스의 페일 에일이 수입 맥주에서 압도적인 1위를 차지했는데, 어찌나 인기가 많았던지 메이지 시대에 생산된 일본 맥주 중에 배스의 빨간색 삼각형 마크를 비슷하게 베낀 것이 있을 정도였다. 지금은 앤호이저 부시 인베브(≫P.154)의 브랜드 가운데 하나가 됐다. 참고로, 화가 에두아르 마네(Edouard Manet)의 1882년작 〈폴리 베르제르의 술집(A Bar At The Folies-Bergère)〉에도 '빨간색 삼각형 마크'가 등장한다. 비극적인 결말을 맞은 타이타닉호에서도 이곳의 맥주를 마셨다고 하니, 역사적으로도 매우 흥미로운 맥주 브랜드다.

배전(焙煎)

차나 커피의 원두를 볶을 때 '배전'이라는 표현을 쓰는데, 맥주의 경우에는 미리 건조한 맥아를 강한 불에 로스팅하는 것을 말한다. 화력이 세고 배전 시간이 길어질수록 맥아의 색이 진해지며 향도 강해진다. 배전 온도는 맥아의 종류에 따라 다른데, 초콜릿 맥아는 200~230℃에서 배전한다.

배조(焙燥)

발아한 보리의 성장을 멈추기 위해 가열하여 건조하는 것을 말한다. 온도는 80~120℃ 정도다. 이 과정을 거쳐 맥아(몰트)가 완성된다.

백맥주

'흑맥주'처럼 '백맥주'는 맥주의 스타일을 가리키는 말이 아니다. 백맥주는 바이젠처럼 밀로 만들어 밝은 색을 띠는 맥주를 말한다(≫P.103 '밀', ≫P.108 '바이젠').

BREWERY

버드와이저(Budweiser)

앤호이저 부시 인베브가 소유한 맥주 브랜드 가운데 하나로, 미국 미주리주에 본사가 있다. 브랜드가 탄생한 1876년부터 빠르게 성장한 버드와이저는 지금도 미국에서 가장 많이 소비되는 맥주 브랜드 가운데 하나로, 전 세계에서 생산·판매되고 있다.

ⓘ www.budweiser.com

버터 맥주(butterbeer)

해리 포터 시리즈를 읽은 사람이라면 한 번쯤 마셔보고 싶은 버터 맥주. '리키 콜드런(The Leaky Cauldron)'이나 '스리 브룸스틱스(The Three Broomsticks)' 같은 가게에서 해리 일행이 즐겨 마시는 음료다. 마법 세계에서는 버터, 물, 설탕으로 만들며, 집요정들이 이것을 마시고 취한다는 점으로 봐서 미량의 알코올(마력?)이 들어

겨울방학 때 뭐 할 거야?

글쎄

있을 것으로 생각된다. 인간 세계에서도 머글용 버터 맥주를 마실 수 있지만, 가능하다면 책 속에 들어가 진짜 버터 맥주를 마셔보고 싶다.

벌꿀

먼 옛날 유럽에서는 벌꿀을 사용한 미드(≫P.103)라는 술을 마셨는데, 맥주를 만들 때도 오랜 전부터 벌꿀을 사용해왔다. 벌꿀의 성분 또한 발효에 적합하기 때문에 어떤 스타일

의 맥주에나 사용하기 쉽다. 홉의 쓴맛이 도드라지지 않도록 풍미를 부드럽게 하는 효과가 있다.

BREWERY

베어드 비어(Baird Beer)

베어드 부부가 시즈오카현 누마즈시에서 시작한 양조 회사다. 1997년에 하던 일을 그만두고 미국으로 건너가 맥주 양조를 공부한 부부는 일본으로 돌아와 2000년에 작은 탭룸을 열었다. 그 후 온갖 어려움을 이겨낸 부부는 드디어 2006년에 새로운 브루어리를 세웠고, 2008년에는 미국, 캐나다, 호주 등 해외로 맥주를 수출하기 시작했다. 그 후 도쿄 나카메구로를 시작으로 슈젠지 등에도 탭룸을 연달아 오픈했다. 원료와 제조법에 공을 들인 베어드 맥주는 전부 캐스크나 병에서 2차 발효를 시킨 무여과 맥주다. 탭룸에서는 맥주를 무조건 차가운 상태로 내놓는 것이 아니라, 종류별 적정 온도에 맞춰 제공하고 있다.

ⓘ 410-2415 시즈오카현 이즈시 오다이라 1052-1(静岡県伊豆市大平1052-1)
　전화: (+81) 558-73-1199　홈페이지: bairdbeer.com

STYLE

베지터블 비어(vegetable beer)

주로 채소 진액을 첨가해 채소의 풍미를 더한 맥주다. 베지터블 비어에는 몰트의 풍미가 강하지 않은 에일 맥주를 많이 사용한다. 베지터블 비어는 채소의 신선한 맛과 맥주의 풍미가 적절히 균형을 이루어야 좋은 평가를 받는다.

벨기에(Belgium)

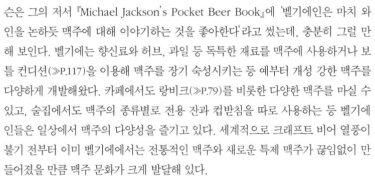

유럽의 중심에 위치한 벨기에는 인구 1100만 명의 작은 나라이지만, 독일과 어깨를 견줄 만한 맥주 강국이다. 벨기에 맥주의 역사는 적어도 제1차 십자군 원정이 있었던 11세기로 거슬러 올라간다. 그 당시 군자금을 마련하기 위해 맥주를 생산했는데, 이때부터 맥주가 사람들의 생활에 자연스럽게 침투했다. 세계적인 맥주 평론가 마이클 잭슨은 그의 저서 『Michael Jackson's Pocket Beer Book』에 '벨기에인은 마치 와인을 논하듯 맥주에 대해 이야기하는 것을 좋아한다'라고 썼는데, 충분히 그럴 만해 보인다. 벨기에는 향신료와 허브, 과일 등 독특한 재료를 맥주에 사용하거나 보틀 컨디션(≫P.117)을 이용해 맥주를 장기 숙성시키는 등 예부터 개성 강한 맥주를 다양하게 개발해왔다. 카페에서도 랑비크(≫P.79)를 비롯한 다양한 맥주를 마실 수 있고, 술집에서도 맥주의 종류별로 전용 잔과 컵받침을 따로 사용하는 등 벨기에인들은 일상에서 맥주의 다양성을 즐기고 있다. 세계적으로 크래프트 비어 열풍이 불기 전부터 이미 벨기에에서는 전통적인 맥주와 새로운 특제 맥주가 끊임없이 만들어졌을 만큼 맥주 문화가 크게 발달해 있다.

병

캔이 발명되기 전까지 맥주는 나무통이나 병에 담겨 판매됐다. 일본에서 맥주를 마시기 시작한 메이지 시대 초기에는 유리병을 외국에서 수입해왔기 때문에 병맥주가 상당히 비싼 편이었다. 일본 국내에서 맥주병을 생산하기 시작한 것은 1887년 이후였다. 초기에는 병을 불어서 만들어 형태가 일정하지 않은 탓에 코르크 마개를 사용할 수밖에 없었다. 현재 일본에서는 주로 500㎖와 334㎖ 용량의 병맥주를 생산한다. 맥주의 변질 요인 가운데 하나인 자외선을 차단하기 위해 보통 갈색이나 짙은 녹색 병을 사용한다.

병따개

맥주병 등에 있는 왕관 모양의 병뚜껑(≫P.167 '왕관 병뚜껑')을 딸 때 사용하는 도구다. 지렛대의 원리를 이용해 쉽게 병을 딸 수 있지만, 막상 필요한 순간에 눈에 띄지 않는 가장 대표적인 도구이기도 하다. 냉장고 등에 붙이는 제품을 미리 준비해두면 편리하다.

보디(body)

맥주를 마신 뒤에 남은 식감이나 깊고 풍부한 맛을 뜻하는 말로, 주로 맥주의 당도나 알코올 도수, 단백질 함량에 따라 달라진다. 입에 닿았을 때 묵직하고 단맛이 있는 것을 풀 보디, 가볍고 깔끔한 것을 라이트 보디, 그 중간을 미디엄 보디라 한다.

BREWERY

보딩턴(Boddingtons)

지금은 앤호이저 부시 인베브의 브랜드 가운데 하나이지만, 원래 1778년에 영국 맨체스터에서 탄생한 맥주 브랜드였다. 밝은 황금색 맥주인 '보딩턴 비터'가 가장 유명하다. 캔에 위젯(≫P.170)이 들어 있어 촘촘한 거품을 즐길 수 있다.

보리

맥주의 가장 중요한 몰트(≫P.99)의 원료가 바로 보리다. 맥주에는 주로 이삭에 알곡이 두 줄로 달린 '두줄보리'를 사용하지만, '여섯줄보리'를 사용할 때도 있다. 여섯줄보리는 부드럽지 않은 맛이 나서 맥주에 쓰기 어렵지만, 잘만 사용하면 개성 있는 맥주를 만들 수 있다.

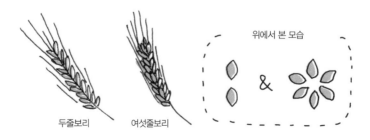

두줄보리　　　여섯줄보리　　위에서 본 모습

보이테크(Wojtek, 1942~1963)

폴란드 육군에 소속됐던 시리아 불곰.
어릴 적 부모를 잃고 군인에게 주워진
곰은 '전사'라는 뜻의 '보이테크'라는 이
름으로 불리게 됐다. 보이테크는 과일
과 벌꿀 그리고 맥주를 무척이나 좋아
했으며, 종종 상으로 맥주를 받기도 했다. 보이테크는 계급이 있는 정식 병사였으
며, 전역 후에는 에든버러 동물원에서 여생을 보냈다.

보자(boza)

주로 밀이나 잡곡을 사용해 만드는 발효 음료로, 카자흐스탄·터키·키르기스스
탄·알바니아·코소보·불가리아 등에서 즐겨 마신다. 영어에서 술을 속어로 '부즈

(booze)'라고 하는데, 동일한 어원에서 나온 말일 것이
라는 추측이 있다. 보자는 알코올 도수 1% 정도의 걸쭉
하고 노란색을 띠는 시큼한 음료. 기원전부터 마셨다
고 전해지며, '보자'라는 이름으로 알려지게 된 것은 10
세기 무렵이다. 영양이 풍부해 건강에 좋다고 한다.

STYLE

보크(bock)

가장 진하고 센 맥주 스타일 가운데 하나이지만, 그런 것치고는 입안에서 매우 부
드럽게 넘어간다. 보크의 자세한 기원은 알려지지 않았지만, 독일에서 탄생한 트래
디셔널 보크(traditional bock)가 기본형이며, 그밖에도 아래와 같은 스타일이 있다.

도플보크(doppelbock)
도플보크는 더블 보크(double
bock)라는 뜻으로, 기존 보크
보다도 훨씬 강하고 색도 진
하다.(≫ P.71)

바이젠보크(weizenbock)
색이 진하고 도수가 높은 바
이젠. 풍미도 강하며, 풀 보디
인 경우가 많다.

아이스보크(eisbock)
≫P.149

발리 와인(≫P.109)처럼 겨울철에 천천히 즐기기 좋은 맥주로, 맥아의 풍부한 풍미를 느낄 수 있는 라거다.

보틀 컨디션(bottle conditioned)

맥주병 안에서 최종 발효가 이루어지는 맥주를 말한다. 일반적으로 병에 맥주를 주입할 때 살아 있는 효모가 들어간 맥주에 소량의 설탕을 첨가해 다시 한 번 발효를 촉진한다.

발효 전   완성

효모
+
당

탄산
+
알코올

보헤미아(Bohemia)

보헤미아는 오늘날 체코의 서부와 중부에 해당하는 지역으로 예부터 맥주 양조가 활발히 이루어진 곳이다. 필스너는 원래 보헤미아의 필젠에서 탄생한 스타일이다. 보헤미아에서 생산한 필스너는 독일에서 생산한 좀 더 산뜻한 맛의 필스너(저먼 필스너)와 구별하기 위해 '보헤미안 필스너'라고 부른다.

볼크스페스트(volksfest)

독일어로 '사람들을 위한 축제'라는 뜻이다. 주로 맥주나 와인 축제에 이동식 유원지가 결합한 형태의 축제를 가리킨다 (≫P.165 '옥토버페스트').

부레풀

주로 콜라겐으로 이루어진 정화제(≫P.179)다. 부레풀의 추출원인 물고기의 부레는 사실 풀이나 반창고의 원료 가운데 하나이기도 하다. 정화제에 사용되는 부레 중에서 가장 고기인 것은 철갑상어의 부레이지만, 요즘은 대구의 부레를 주로 사용한다. 모든 맥주에 생선 부레가 들어가는 것은 아니지만, 맑고 투명한 맥주를 마실 때면 물고기에게 고마워하자!

부원료

일본 주세법에서 맥주의 부원료로 인정하는 것은 보리, 옥수수, 쌀, 수수, 감자, 전분, 당류 그리고 일본 감미료와 착색료다. 그 밖의 부원료를 사용한 음료나 부원료의 중량이 맥아 중량의 50% 이상인 음료는 '발포주(≫P.110)'로 분류된다. 옥수수나 쌀은 맥주의 맛을 가볍게 하고 비용도 낮춰주기 때문에 세계적으로 많이 쓰이는 부원료다. 일본에서는 독자적인 맥주 개발을 위해 유명 지역의 쌀을 맥주 양조에 사용하기도 한다. 전분이나 설탕, 시럽 같은 당류는 알코올 도수를 높이고 식감을 가볍게 유지할 목적으로 사용한다.

분쇄

맥주 제조에서 맥아의 분쇄는 매우 중요한 공정 가운데 하나다. 맥아를 분쇄해야 맥아즙에서 전분이 더 잘 빠져나와 맥아를 최대한 사용할 수 있기 때문이다. 맥아는 분쇄기에 넣고 가는데, 너무 곱게 갈면 나중에 여과할 때 시간이 너무 오래 걸리는 데다 맥주에서 떫은맛이 날 정도로 전분이 추출되므로 적정 수준을 맞추는 것이 중요하다. 보통은 말린 맥아를 사용하지만, 간혹 큰 입자가 남도록 젖은 맥아를 분쇄할 때도 있다.

불투명

맥주의 불투명하고 탁한 빛깔은 단백질과 효모 그리고 홉을 비롯한 허브의 미립자 때문이다. 특히 특정 맥주를 지나치게 차갑게 했을 때 나타나는 현상을 칠 헤이즈(≫P.186)라고 하는데, 이는 바람직하지 않은 징후라 여긴다. 여과 기술과 정화제가 발달한 오늘날에는 투명한 맥주에 익숙한 사람이 많겠지만, 전통적인 맥주 양조법의 재평가가 이루어지는 요즘, 일본 크래프트 비어 생산업체 중에서는 맥주를 여과하지 않는 곳이 많다.

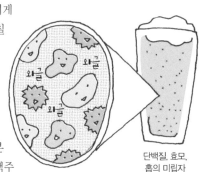

단백질, 효모,
홉의 미립자

브라우마이스터(braumeister)

독일어로 맥주 양조 기사를 뜻하는 말이다. '마이스터'는 장인이라는 뜻으로, 독일에서는 전문 과정을 수료하고 시험에 합격한 사람에게만 부여되는 호칭이다. 영어로는 '브루 마스터(brew master)' 또는 '헤드 브루어(head brewer)'라고 한다. 브라우마이스터는 맥주 양조를 지휘하는 매우 중요한 위치에 있다.

STYLE

브라운 에일(brown ale)

주로 미국, 벨기에, 영국에서 생산되는 진한 호박색에서 갈색을 띠는 에일. 맛은 다양하지만 잉글리시 브라운 에일(english brown ale)은 홉보다 맥아의 풍미가 강하고 단맛이 있다.

구운 뿌리채소나 육류와 잘 어울린다

아메리칸 브라운 에일(american brown ale)은 미국산 원료를 사용해 잉글리시 브라운 에일을 조금 변형한 것으로, 홉의 쓴맛을 강조한 것이 많다.

브라이들(bridal)

'브라이들'은 '신부의' 또는 '결혼식의'라는 뜻이다. 'bride'는 '신부', 'al'은 놀랍게도 '에일(ale)'에서 온 말이다. 즉, 브라이들은 '신부의 에일'이라는 뜻이 된다. 이 말은 사실 옛날에 결혼식 피로연에 맛있는 음식과 함께 신부가 만든 에일을 대접한 것에서 유래됐다고 한다. 게다가 신부를 뜻하는 'bride'라는 말 자체도 '술을 빚다', '끓이다', '요리

하다'라는 의미를 지닌 'bru'에서 나온 단어다. 옛날에는 술을 빚거나 요리를 하는 일들이 새로 가정을 꾸린 신부가 해야 할 일이었기 때문에 신부를 'bride'라 부르게 된 것이다.

브루(brew)
양조하는 일 또는 양조한 것을 뜻한다.

브루어리(brewery)
맥주 공장, 맥주 양조장을 뜻한다.

브루어리를 구경하러 가자!

세상에는 정말 많은 브루어리가 있다. 역사적으로 의미가 있는 브루어리나 거대한 시설을 갖춘 대형 맥주 회사의 브루어리, 새로 생긴 소규모 브루어리나 탭룸까지 갖춘 브루 펍 등 종류도 다양하다. 많은 브루어리에서 견학 신청을 받는데, 양조에 대해 어렴풋이 알고 있다고 해도 역시 백문이 불여일견! 실제로 가보면 맥주 양조 시설을 직접 구경할 수 있을 뿐만 아니라, 양조장과 그 도시의 역사를 접하거나 알려지지 않은 일화를 들을 수도 있고, 아직 출시되지 않은 맥주를 시음해보고 양조장에서 추천하는 안주를 함께 즐기는 등 다양한 경험을 해볼 수 있다. 가보고 싶은 브루어리를 점찍어두었다가 한번 견학을 가보자.

대형 공장
양질의 물이 흐르는 수원지 근처, 즉 풍요로운 자연에 둘러싸인 곳이 많다. 압도될 정도로 거대한 저장 탱크도 볼 수 있다.

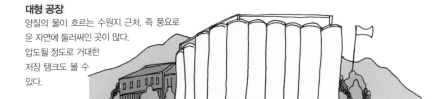

역사적인 의미를 지닌 양조장
벽돌로 지은 운치 있는 공장 등 옛 모습을 그대로 간직하고 있는 양조장에 가보는 것도 좋다.

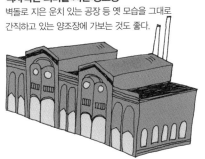

시음 시간에 신선한 맥주와 함께 양조장에서 추천하는 안주를 맛볼 수도 있다!

브루 펍

뭐 마실래?

브루 펍에서는 양조 설비를 구경하면서 식사와 맥주를 느긋하게 즐길 수 있다.

마음에 드는 맥주를 발견했을 때 기념으로 사 가는 것도 브루어리를 견학하는 즐거움 가운데 하나다.

※주의 사항

· 예약을 했다면 당일에 취소하거나 지각하지 말자.
· 양조장은 환경 관리가 생명이다. 양조장에 균을 옮기지 않도록 방문하기 전에는 발효 식품 섭취를 삼가자.
· 차를 갖고 갈 경우, 운전자는 술을 마시지 않는다.

BREWERY

브루클린 브루어리(Brooklyn Brewery)

1988년에 뉴욕 브루클린의 윌리엄스버그에 문을 연 양조장이다. 맛초 (matzo, 유대인들이 먹는 무발효 빵) 공장이었던 곳을 개조한 곳이다. 브루클린 브루어리의 로고는 '아이 러브 뉴욕(I♥NY)' 캠페인으로 유명한 밀턴 글레이저(Milton Glaser)가 디자인했다. 대표 상품인 '브루클린 라거'는 드라이 호핑(≫P.74) 방식으로 만들어 홉의 풍미가 진하고 깊은 맛이 나는 비엔나 스타일의 라거다. 참고로 브루클린 브루어리는 제주맥주와 협업하여 5년간의 양조장 건립과 기술 제휴로 2017년 아시아 첫 진출을 이루어 냈다.

브루 펍(brew pub)

소규모 브루어리 내에 있는 펍으로, 브루어리에서 만든 맥주를 바로 제공한다. 신선한 맥주와 맥주에 어울리는 간단한 음식을 먹으면서 현장의 분위기를 즐길 수 있다.

블렌드(blend)

말 그대로 여러 종류의 맥주를 섞는 것을 말한다. 예부터 사용되어온 기법이며 그 목적은 매우 다양하다. 예를 들어 어느 한 요소가 편중된 맥주의 균형을 바로잡거나 생산된 지 조금 지난 맥주를 원래의 상태로 되돌리기 위해, 또는 맥주에 더욱 다양한 풍미를 부여하거나 생산한 맥주의 맛을 통일할 목적으로 하기도 한다.

STYLE 🇺🇸

블론드 에일(blonde ale)

최근 미국에서 탄생한 스타일로, 골든 에일이라고도 한다. 대부분 옅은 색 라거처럼 깔끔하고 가벼운 편으로, 과일 향이 조금 섞여 있다. 해산물 요리와 잘 어울린다.

비아허이(bia hoi)

베트남에서 마실 수 있는 알코올 도수 3% 정도의 가벼운 라거 맥주. 가게나 작은 술집, 포장마차 등에서 찾아볼 수 있으며, 다른 맥주에 비해 상당히 저렴하다. 베트남에서는 가벼운 맥주에 얼음까지 넣어 마시면서 더위를 견딘다.

얼음을 숟가락으로 떠서
잔에 넣는다

비어 가든(beer garden)

맥주와 함께 현지 음식을 즐길 수 있도록 야외에 마련된 장소로, 독일 바이에른시에서 처음 생겼다. 전통적인 비어 가든은 긴 목제 테이블에 합석하는 형태로, 다 함께 음악이나 노래, 게임 등을 즐길 수 있다.

오늘날에는 단순히 '야외에서 맥주를 마실 수 있는 공간'이라는 의미에서 전 세계 곳곳에 세워졌다. 일본 최초의 비어 가든은 1875년에 윌리엄 코플랜드(≫P.170)가 자신이 설립한 스프링 밸리 브루어리(≫P.140) 인근의 자택을 개조해 연 '스프링 밸리 비어 가든'으로 알려져 있다.

비어 소믈리에(beer sommelier)

맥주의 역사, 재료, 스타일, 글라스의 종류, 시음, 푸드 페어링 등 다양한 전문 지식을 보유하고 있는 맥주 전문가. 일본에서는 일본 비어 소믈리에 협회에서 강좌를 듣고 자격증을 취득할 수 있다.

비어 수프(beer soup)

맥주에 빵이나 밀가루, 달걀, 우유 등을 넣어 끓인 수프. 중세 독일에서는 대표적인 아침 식사 메뉴였다고 한다. 감자를 넣어 걸쭉하게 하거나 양파와 치즈를 넣기도 했다고 한다.

굿모닝!

비어 치즈(beer cheese)

맥주를 넣은 치즈 스프레드로, 주로 미국 켄터키주에서 볼 수 있다. 샤프 체더치즈(sharp cheddar cheese)에 치즈가 잘 풀어지도록 적당량의 맥주와 마늘, 향신료를 섞은 것이다. 크래커에 얹어 애피타이저나 간식으로 먹을 수 있다.

비어 카페(beer cafe)

맥주를 마시기 위한 카페. 원조는 벨기에로, 수백 종류의 맥주를 갖춰놓은 곳도 있다. 맥주는 저마다 다른 전용 글라스가 함께 서빙되며, 정겨운 분위기 속에서 마음 편히 맥주를 맛볼 수 있다.

비어 캔 치킨(beer can chicken)

비어 캔 치킨은 캔 맥주와 닭 한 마리를 통째로 사용하는 터프한 미국 요리다. 만드는 방법은 간단하다. 깨끗하게 손질해 소금과 후추로 밑간을 한 닭을 맥주가 담긴 캔(절반을 미리 마셔둔다)에 올려 닭을 그대로 세운 상태에서 그릴이나 오븐에 오랫동안 굽는다. 닭고기 안에 들어간 맥주 증기가 감칠맛을 이끌어 내고 고기를 촉촉하게 익힌다.

보기에는 좀 부담스러울지도…….

비어 퐁(beer pong)

미국에서 탄생한 술자리 게임이다. 테이블 양 끝에 맥주가 든 컵을 나란히 놓고, 두 팀으로 나누어 반대편 컵을 향해 탁구공을 던진다. 탁구공이 컵에 들어가면 상대팀이 그 컵에 든 맥주를 마시는 게임으로, 미국 대학가에서 생겨났다.

비어하우스(beer house)

18세기에 진이라는 저렴한 증류주가 등장한 후, 영국에서는 노동자 계급이 술에 취해 정신을 못 차리는 심각한 사회문제가 발생했다(≫P.183 '진 광풍'). 이에 정부는 진 대신 맥주를 마시게 해서 진의 소비를 억제하려는 전략을 세웠다. 그 결과, 1830년에 비어하우스 조례가 제정됐다. 비어하우스 조례는 일정 금액의 수수료를 지불하면 누구에게나 맥주의 상업적 양조와 판매를 허가해주는 내용이었다. 이 조례의 영향으로 맥주를 더욱 저렴한 가격에 마실 수 있는 비어하우스가 생기기 시작했다.

비어 홀(beer hall)

맥주가 주인공인 음식점. 기본적으로 천장이 높은 넓은 공간에 긴 테이블이 늘어선 형태다. 일본에 생긴 최초의 비어 홀은 오사카 맥주 주식회사(지금의 아사히)가 오사카의 나카노시마에 연 '아사히켄'으로 알려져 있다. 이제는 일본 각지에서 비어 홀을 볼 수 있으며 각종 행사나 계절에 맞춰 가건물을 세우는 경우도 있다.

STYLE

비엔나(vienna)

비엔나 맥아를 사용해 만든 오스트리아의 라거 맥주. 비스킷처럼 고소한 향과 붉은 빛을 띠는 것이 특징으로, 역사적으로 관련이 깊은 멕시코에도 전파됐다.

STYLE
비예르 드 가르드(bière de garde)

프랑스 북동부 노르파드칼레 지방에서 탄생한 맥주 스타일이다. 프랑스어로 '저장한 맥주'라는 뜻의 이름처럼 병에 담아 숙성시킨다. 발효가 어려운 여름철을 피해 겨울철이나 봄철에 농가에서 만드는 맥주로, 오늘날에는 주로 소규모 양조장에서 생산하고 있다. 대부분 상면발효·무여과 맥주로, 황금색에서 밝은 갈색을 띤다. 향긋한 맥아의 향과 은은한 단맛을 느낄 수 있다.

비와이오비(BYOB)

"Bring Your Own Bottle/Booze(주류는 각자 지참할 것)"의 머리글자를 딴 약어다. 말 그대로 레스토랑이나 행사에 참가할 때 마시고 싶은 술을 각자 가져와도 된다는 뜻이다.

STYLE
비터(bitter)

홉의 쌉쌀한 향이 강조된 진한 풍미의 맥주다. 구리색에서 호박색을 띠는 제품이 많으며, 알코올 도수도 3~7%로 다양하다.

빈티지(vintage)

술을 생산한 연도를 말한다. 와인의 빈티지는 포도를 수확한 해를 가리킨다. 와인은 숙성 기간 동안 많은 변화가 일어나기 때문에 빈티지가 중요하지만 맥주 중에서 숙성을 통해 더욱 맛있어지는 맥주는 특수한 몇몇 스타일밖에 없다.

빨대

고대 메소포타미아 문명을 일군 수메르인들은 맥주를 마실 때 빨대를 이용했다.

탄산이 든 알코올음료를 빨대로 마시는 것은 괴롭지 않을까 생각할 수도 있지만, 그 당시에는 맥주를 담은 용기가 밀폐되어 있지 않아 마시기 전에 이미 탄산이 많이 빠져 있었다. 손님들은 술집에 갈 때 개인 빨대를 지참했는데, 귀족들은 특별 제작한 황금 빨대를 사용했다. 시신을 묻을 때, 천국에 가서도 맥주를 마실 수 있도록 고인이 평소에 좋아하던 빨대를 관에 함께 넣기도 했다고 한다.

ㅂ

그러고 보니 지난주 여기에 빵을 넣었는데···

풍!

아···
좋은 냄새

빵

인류 최초의 맥주는 누군가가 실수로 보리빵을 물병에 떨어뜨렸는데 그것이 나중에 보니 향긋한 알코올음료가 된 사고에서 비롯됐다는 설이 있다.
예부터 여러 문명에서 맥주와 빵은 에너지와 영양을 공급하는 필수 아이템이었다. 이 두 가지만 있어도 충분한 한 끼 식사가 된다고 여겼던 시대가 있었다.

STYLE

사워(sour)

야생 효모나 균을 사용해 의도적으로 신맛을 낸 맥주를 가리킨다. 주로 벨기에에서 많이 생산되며, 대표적인 스타일로는 랑비크(≫P.79), 괴제(≫P.47), 플랑드르 레드 에일(≫P.80 '레드 에일')을 꼽을 수 있다. 지금처럼 잡균을 관리하는 기술이 발달하지 않았던 옛날에는 맥주에 잡균이나 야생 효모가 섞여 들어가는 일이 많았다. 오늘날에는 사워

쓰케모노

우리는 같은 효모를 써요.

Beer

SOUR

맥주를 만들 때, 락토바실러스(lactobacillus)나 페디오코커스(pediococcus) 같은 유산균이나 브레타노마이세스(brettanomyces) 효모 등을 사용한다. 야생 효모를 넣어 만드는 사워 맥주는 만들기 어려울 뿐만 아니라 발효나 숙성에 오랜 시간이 걸리므로 완성되기까지 몇 년이 걸리기도 한다.

사케(酒)

≫P.176 '일본주'

≫P.176 '일본주'

BREWERY

산쿠토가렌(Sankt Gallen)

독일 국경과 인접한 스위스의 장크트갈렌(Sankt Gallen) 수도원에서 이름을 따왔다. 샌프란시스코에서 그동안 마셔온 필스너와는 전혀 다른 맥주를 만나 반해버린 사장은 1994년 이전부터 샌프란시스코에서 맥주 양조를 배운 뒤, 일본에 돌아와 2002년에 브루어리를 설립했다. 골든 에일이나 앰버 에일 같은 기본적인 상품 외

에도 사과나 파인애플, 흑설탕 등의 부원료를 사용해 맥주의 쓴맛에 약한 사람도 쉽게 마실 수 있는 '스위트 비어'를 개발하여 선보이고 있지만, 사실 이곳의 방침은 '에일 일관주의'다. 맥주의 종류별로 맛있게 마시는 방법이나 페어링 등을 알려준다.

ⓘ 243-0807 가나가와현 아쓰기시 가네다 1137-1(神奈川県厚木市金田1137-1)

전화: (+81) 46-224-2317 홈페이지: www.sanktgallenbrewery.com

BREWERY

산토리(SUNTORY)

1899년 설립자인 도리이 신지로가 오사카에 '도리이 상점'을 연 것이 그 시초였다. 와인 제조 판매를 시작한 뒤, 위스키 증류 사업에 뛰어들었고, 맥주 사업에도 뛰어들었다가 철수했다. 2대 사장인 사지 게이조가 1963년에 맥주 업계에 재진출하여 생맥주나 맥아 100% 맥주 등을 연구하며 프리미엄 맥주 생산에 힘썼다.

오늘날 산토리의 대표 상품인 '더 프리미엄 몰트'는 아로마 홉의 화려한 향이 기분 좋은 맥주다.

ⓘ www.suntory.co.jp

산패(酸敗)

맥주가 부패해 시큼해지는 것을 말한다. 발효나 숙성 또는 저장 과정에서 맥주가 미생물에 오염되어 마실 수 없게 되는 무서운 현상이다. 옛날에는 미생물의 존재가 밝혀지지 않았던 탓에 관리 기술 또한 오늘날에 비해 매우 원시적이었다. 그렇기에 맥주의 산패 가능성은 늘 브루어들을 긴장시켰다. 오늘날에도 산패 가능성은 여전히 남아 있다. 특히 무여과 생맥주는 저장 조건이 나쁘면 쉽게 산패할 수 있으므로 절대 방심하지 말고 소중히 다루어야 한다.

3대 발명

요즘 시대에는 계절이나 지역에 상관없이 전 세계의 다양한 맥주를 마실 수 있다. 하지만 이러한 편리함 뒤에는 맥주의 근대화를 촉발한 '맥주 과학의 3대 발명'이 존재한다.

① 저온살균법(pasteurization)

60~80℃의 열을 15~30분 동안 가해서 액체 형태의 식품 속에 든 잡균, 특히 부패의 원인이 되는 균을 파괴하여 품질을 안정시키고, 유통기한을 늘리는 기술이다. 프랑스의 과학자 루이 파스퇴르(≫P.200)가 자국의 맥주 품질을 향상시키기 위해 맹렬히 연구해 얻어 낸 성과였다. 1866년부터 와인을 시작으로 맥주와 유제품 등에 도입됐고, 그 덕분에 상온 저장이나 장거리 수송이 가능한 맥주가 탄생하게 됐다.

② 암모니아식 냉동기(refrigeration)

맥주, 특히 하면발효맥주는 양조할 때나 저장할 때 모두 저온의 환경이 필요하다. 예전에는 대량의 얼음을 사용하는 등 고생을 했지만, 1873년 카를 폰 린데(Carl von Linde)라는 독일 기술자가 '암모니아식 냉동기'를 개발하면서 시기나 지역에 상관없이 맥주를 만들 수 있게 됐다.

③ 효모 순수배양법(yeast cultivation)

덴마크의 칼스버그 연구소(≫P.188 '칼스버그')에서 생물학자 에밀 크리스티안 한센(Emil Christian Hansen)이 맥주 양조에 적합한 효모만을 추출해 배양하는 데에 성공했다. 이로써 양질의 효모를 자유자재로 사용할 수 있게 되어 맥주의 대량 생산이 가능해졌다.

BREWERY

삿포로 맥주(SAPPORO BEER)

삿포로 맥주 주식회사는 1876년 보리나 홉을 재배하기에 적합한 삿포로에서 '개척사 맥주 양조소'를 열어, 이듬해인 1877년에 '삿포로 맥주'를 출시했다. 삿포로 맥주는 1876년에 창업한 이래, 맥주의 원료를 직접 '육종'해왔는데, 이처럼 직접 보리와 홉을 모두 육종하는 맥주 회사는 전 세계에서 오직 삿포로 맥주뿐이다. 삿포로 맥주의 대표 상품 가운데 하나인 블랙 라벨은 보리의 감칠맛과 상쾌한 뒷맛이 완벽한 균형을 이루는 것이

특징이다. 프리미엄 맥주인 에비스 맥주도 사실 삿포로 맥주의 브랜드다.

ⓘ (고객 센터) 150-8522 도쿄도 시부야구 에비스 4-20-1(東京都渋谷区恵比寿4-20-1)
전화: (+81) 120-207800

상면발효

발효 중에 효모가 위로 떠올라 층을 형성하는 상면발효효모를 사용한 발효를 말한다. 상면발효로 만든 맥주를 '에일(≫P.158)'이라 부르는데, 18~25℃의 상온에서

발효하며, 하면발효에 비해 발효 속도가 빠르기 때문에 맥주를 빠르고 간편하게 만들 수 있다. 하면발효효모는 중세 시대에 발견된 반면, 상면발효효모는 고대부터 맥주 양조에 이용되어왔으므로 대선배인 셈이다.

새뮤얼 애덤스(Samuel Adams, 1722~1803)

새뮤얼 애덤스는 미국 '건국의 아버지' 가운데 한 명이다. 종교 활동과 정치 활동을 열심히 하는 가정에서 자란 그는 하버드대학을 졸업한 우등생이었지만, 사실 양조 사업을 운영한 적이 있다. 그는 양조 사업과 신문사 사업에 실패한 후 독립운동에 참여했다. 그 자신은 맥주와 깊은 인연이 없었을지 몰라도 보스턴 비어 컴퍼니(Boston Beer Company)에서는 그의 이름을 건 '새뮤얼 애덤스'라는 브랜드를 내놓았고, 이제는 미국의 유명 브랜드가 됐다.

샌드위치(sandwich)

가끔 왠지 생각나는 샌드위치. 간편한 음식이지만, 잘 어울리는 맥주와 함께 먹으면 조금 사치를 부리는 듯한 기분이 든다.

TACOS x VIENNA

오스트리아에서 멕시코로 전해진 비엔나의 깊은 맛이 신선한 타코스와 잘 어울린다. 고수나 다른 향신료의 자극적인 맛이 맥주의 진한 맛과 어우러져 조화를 이룬다.

BÁNH MÌ x WEIZEN

식초에 절인 채소의 새콤한 맛과 과일 향이 나는 산뜻한 바이젠은 베트남식 샌드위치 반미와 그야말로

찰떡궁합이다. 무더운 여름을 차갑게 식혀줄 조합으로, 피크닉에도 잘 어울린다.

GRILLED CHEESE × SHANDYGAFF

맥주와 진저에일의 혼합주인 샌디개프(≫P.186
'칵테일')에는 심플한 샌드위치가 잘 어울린다.

BLT × STOUT

스타우트의 진한 맛이 베이컨의 감칠맛을 한층
끌어올린다. 평소에 먹던 샌드위치보다 조금
호화롭게 즐기자.

BURGER × IPA

푸짐한 버거와 IPA의 쌉쌀한 맛이 조화를 이룬다.
순식간에 다 먹어버릴 수 있는 맛이다.

생맥주

생맥주의 정의는 나라마다 다르지만,
현재 일본에서는 열처리(≫P.128 '3대 발
명')를 하지 않은 맥주를 말한다. 과거에
맥주 업계에서 '효모를 제거한 비열처
리 맥주'를 생맥주에 포함시킬 것인지
아닌지를 두고 논쟁을 벌였으나, 1979
년부터 열처리를 하지 않은 맥주는 전
부 생맥주로 보고 있다. 요즘은 누구나
자연스럽게 생맥주를 마시지만, 이는 수많은 기술자들이 오랜 세월 동안 미생물
관리 기술과 여과 기술을 발전시켜왔기에 가능한 일이다.

샤르퀴트리(charcuterie)

프랑스어로 육가공품 전반을 총칭하는 말이다. 프렌치 레스토랑 외에도 바 혹은
다른 레스토랑의 애피타이저나 안주 요리로 메뉴에 등장한다. 주로 햄, 소시지, 파
테(pâté, 파이 크러스트에 고기, 생선, 채소 등을 갈아 만든 소를 채운 후 오븐에 구운 요리),
테린(terrine, 잘게 썬 고기, 생선 등을 그릇에 담아 단단히 다져지게 한 뒤 차게 식힌 다음

얇게 썬 요리) 등으로, 돼지고기가 원료인 것이 대부분이지만 간혹 오리나 지비예 (gibier, 사냥한 고기) 등이 사용되는 경우도 있다. 샤르퀴트리를 만드는 장인을 샤르퀴티에(charcutier)라고 하는데, 현지의 식재료와 독자적인 향신료 등을 이용해 고기의 감칠맛을 최대한 이끌어 내는 저장 식품을 만든다. 와인이나 크래프트 비어에 곁들여 먹는다.

성 패트릭의 날(Saint Patrick's Day)

아일랜드에 그리스도교를 전파한 패트릭 성인의 사망일(3월 17일)을 기념하는 축일이다. 오늘날 아일랜드에서는 전 국민이 참여하는 성대한 축제로 발전했으며, 아일랜드계 이민자들이 많은 미국과 호주 등지에서도 이날을 기념한다는 구실로 술을 마시며 즐기는 사람들이 많다. 이날 축제를 대표하는 색상은 숲이 많은 아일랜드의 상징인 초록색이다. 마치 멜론소다처럼 녹색으로 물든 맥주를 파는 곳도 있다.

세노실리카포비아(cenosillicaphobia)

세노실리카포비아는 '빈 잔 공포증'을 가리킨다. 술을 좋아하는 사람이 이 공포증에 걸리면 꽤나 골치 아플 것이다. 아니, 어쩌면 공포증을 핑계 삼아 계속 술을 부어라 마셔라 하려나?

세션(session)

전통적인 맥주 스타일을 유지하면서도 알코올 도수를 낮추어 부담 없이 마실 수 있게 만든 맥주를 말한다. 1차 세계대전 중에 탄약을 생산하던 영국 작업자들은 정해진 휴식 시간(session)에 주로 펍

자, 앞으로 두 잔은 더 마실 수 있다고

에서 시간을 보냈다. 그들을 위해 짧은 시간 동안 많이 마셔도 취하지 않는 맥주를 만든 것이 기원이라고 한다.

세종(saison)

'계절'을 뜻하는 프랑스어인 '세종'은 프랑스어를 사용하는 벨기에 남부의 왈롱 지역에서 탄생한 전통 상면발효맥주로, 원래 농부들이 밭에서 일할 때 마시던 맥주였다. 처음에는 알코올 도수가 3~3.5%로 낮은 편이었는데, 그래서인지 보통 한 사람이 약 8파인트(4.5ℓ 이상) 정도를 마셨다고 한다. 오늘날에 생산되는 세종은 알코올 도수가 7% 정도로 높다. 가볍고 산뜻하며 과일처럼 향긋한 맥주가 많지만, 맥주를 만드는 지역이나 가정마다 특색이 있어 다양한 맛을 경험해볼 수 있다.

소빙하기(小氷河期)

정확한 시기는 알 수 없지만, 대략 14~19세기에 북반구를 중심으로 발생했다고 알려져 있는 소규모 빙하기다. 지금의 온도와 몇 도밖에 차이가 나지 않았지만, 소빙하기는 지구에 막대한 영향을 끼쳤고, 사람들의 생활에도 어두운 그림자를 드리웠다. 북유럽에서는 작물이 제대로 자라지 않아 자주 기근에 시달렸다. 포도를 재배하던 넓은 토지가 불모의 땅으로 변해버린 탓에 와인 대신 맥주나 증류주를 마실 수밖에 없는 지역도 생겨났다. 이러한 소빙하기의 출현은 맥주 문화가 북유럽에 침투하는 계기가 됐다고 한다.

BREWERY

쇼난 맥주(湘南ビール)

1872년에 설립된 구마자와 주조에서 생산하는 맥주
다. 독일의 전통 맥주 양조법을 계승했으며, 원료로
는 엄선한 맥아와 홉, 단자와산의 지하수를 사용한
다. 무여과·비가열처리로 효모가 살아 있는 순수하
고 신선한 맥주다. 냉장 보관 후 제조일로부터 120
일 이내에 마시는 것이 좋다.

ⓘ 253-0082 가나가와현 지가사키시 가가와 7-10-7(神奈川県
　茅ヶ崎市香川7-10-7) 전화: (+81) 467-52-6118

수도원

6세기에 성 베네딕토가 정한 계율에 따라 기도와 노동을 하며 공동생활을 하는 천
주교 시설. 수도원은 '자급자족'을 원칙으로 하기 때문에 와인이나 맥주, 빵이나
치즈를 직접 만들어왔다. 트라피스트 수도회에 속한 수도원에서 생산된 와인이나
맥주는 트라피스트 와인과 트라피스트 맥주(≫P.198)로 불리
며, 뛰어난 품질로 인기를 얻고 있다. 많은 사람들이 공동
생활을 하는 수도원에서는 개인 재산이 인정되지 않으
며 규율도 매우 엄격하다고 한다. 그런 생활 속에서
는 맥주가 특별히 더 맛있게 느껴지지 않을까.

숙성

위스키나 소주 같은 증류주와는 달리 맥주는 기본적으로 신선한 상태에서 마시는
술이다. 2차 발효를 '숙성 기간'으로 보는 경우도 있지만, 이 기간도 보통 한 달 정
도에 불과하다. 맥주를 장기간 숙성시키려면 고도의 기술과 그만큼의 노력이 필요
하므로 예부터 일부 맥주에서만 볼 수 있는데, 요즘은 개성 있는 맥주를 찾는 사람
이 늘어나 배럴 에이지(≫P.110) 맥주나 여러 해 동안 숙성시킨 맥주도 심심찮게 맛
볼 수 있다.

숙취

알코올을 자신의 대사 능력을 넘어설 정도로 섭취해버렸을 때, 즉 과음했을 때 나
타나는 현상이다. 주로 술을 마신 다음 날 아침에 나타나는 증상을 가리킨다. 두

통, 오심, 가슴 두근거림 같은 증상이 발생하며, 알코올의 이뇨 작용 탓에 가벼운 탈수 증상이 나타나 갈증을 느낀다. 현대 의학이 발전하기 전부터 숙취와 관련된 다양한 민간요법이 각지에 전해져 왔지만, 효과는 천차만별이다. 인류를 오래 전부터 괴롭혀온 숙취. 일단 수분부터 보충하자.

STYLE

슈바르츠비어(schwarzbier)

독일어로 '검은 맥주'를 뜻한다. 눈에 띄는 특징은 없지만, 풀 보디보다 가벼운 편이다. 슈바르츠비어는 포터나 스타우트만큼 고온에서 건조한 맥아의 맛을 강조하지 않아 의외로 맛이 깔끔하다. 가벼운 맛과 깊은 맛을 모두 놓치고 싶지 않을 때 마시기 좋은 맥주다.

STYLE

슈타르크비어(starkbier)

독일어로 '강한 맥주'라는 뜻이다. 원맥즙 농도가 높은, 즉 알코올 도수가 높은 진하고 센 맥주다. 독일에서는 원맥즙 농도가 16%를 넘는 맥주를 슈타르크비어라고 부르며, 보크(≫P.116), 도플보크(≫P.71), 아이스보크(≫P.149)가 이에 속한다.

슈퇴르테베커(Störtebeker, 1360~1401)

클라우스 슈퇴르테베커(Klaus Störtebeker)는 북유럽의 유명한 해적이다. 그의 성(姓)인 '슈퇴르테베커'는 독일의 북부와 서북부 지방 방언으로 '단숨에 잔을 비운다'라는 뜻이다. 슈퇴르테베커는 무엇이든 단숨에 먹어버리는 것으로 유명했는데, 심지어 4ℓ짜리 맥주를 단숨에 들이켠 적도 있다고 전해진다. 하지만 무적이었던 이 멋진 해적도 결국 체포되어 처형당하고 말았다. 그에 대한 전설이 전해져 내려온 덕분에 오늘날에도 맥주 관련 상품에 등장한다는 것이 유일한 위안이 아닐까.

2초면 충분해

스모크드 비어(smoked beer)

훈연 맥주라고도 한다. 맥아를 훈연시켜 만드는 맥주의 총칭이다. 간혹 훈제 향이 매우 강한 맥주도 있다. 독일의 라우흐비어(≫P.79)가 유명하다.

스몰 비어(small beer)

맥아즙을 여과하고 남은 찌꺼기를 다시 한 번 짜낸, 즉 두 번째로 짜낸 맥아즙으로 만든 맥주를 말한다. 중세 시대나 아프리카 식민지 시대에 위생적으로 안전한 물을 확보하지 못한 지역에서 주로 만든 맥주로, 서민들이 즐겨 마셨다. 두 번째로 짜낸 맥아즙으로 만든 맥주는 알코올 도수도 낮고 풍미도 약해 쉽게 부패하므로 보통 만들자마자 바로 마셨다. 또한 이 시대에는 맥주 대용으로 나무껍질이나 나무뿌리, 허브나 베리류를 이용해 만든 다양한 '맥주 스타일'의 음료 또한 스몰 비어라 불렀다.

'작은 맥주'라는 뜻은 아니에요.

스완 레이크 비어(Swan Lake Beer)

스완 레이크 비어 양조장은 1997년에 효코호수 근처 고즈산 기슭에 위치한 에치고의 부농 이가라시 가문의 저택에 세워졌다. 니가타 지방의 맑은 물을 고집한 이 양조장을 대표하는 맥주는 니가타에서 키운 고시히카리 쌀을 넣어 만든 '고시히카리 시코미 맥주(こしひかり仕込みビール)'다. 일반 맥주 중 유일한 하면발효맥주(라거)로, 맥아에서는 느낄 수 없는 쌀의 가볍고 드라이한 맛이 특징이다.

ⓘ 959-1944 니가타현 아가노시 가나야 345-1
(新潟県阿賀野市金屋345-1) 전화: (+81) 250-63-2000
홈페이지: www.swanlake.co.jp

스코틀랜드(Scotland)

영국을 구성하는 연합 왕국 가운데 하나다. 스코틀랜드라고 하면 아무래도 타탄 체크나 스카치 위스키가 먼저 떠오르겠지만, 5천 년이 넘는 역사를 지닌 맥주 또한 빼놓을 수 없다. 이미 신석기 시대에 터리풀로 향을 낸 에일을 만들었다고 하며, 중세 시대에는 허브로 쓴맛을 더하는 켈트족의 전통 양조법으로 맥주를 생산했다고 한다. 추운 아일랜드는 홉을 재배하기에 기후가 적합하지 않았으나, 영국을 통해 홉이 전래된 후 각지에서 홉을 적극적으로 수입해 맥주 제조에 사용하게 됐다. 독자적인 스타일인 스코티시 에일이 유명하지만, 그밖에도 IPA나 스타우트 등 다양한 종류가 생산되고 있다.

스코티시 에일 · 스카치 에일(Scottish ale · Scotch ale)

'스코티시 에일'은 말 그대로 스코틀랜드의 전통적인 에일로, 맥아의 풍미가 진한 것이 많다. 알코올 도수에 따라 라이트(light), 헤비(heavy), 엑스포트(export), 스트롱(strong)으로 나뉜다. 반면 '스카치 에일'은 알코올 도수가 높고 몰트의 풍미가 더욱 진한 풀 보디 맥주로, 짙은 색을 띤다. 발리 와인(≫P.109)에 가까운 스타일로, '위 헤비(wee heavy, 조금 무겁다는 뜻)'라고도 불린다.

Thistle

스코틀랜드의 국화인 엉겅퀴 꽃의 형태를 하고 있다

스타우트(stout)

'강하다'라는 뜻의 '스타우트'는 원래 알코올 도수가 높은 맥주를 널리 일컫는 말이었다. 그러나 아일랜드 맥주 회사 기네스(≫P.54)가 영국에서 들어온 포터(≫P.203)라는 스타일의 맥주를 바탕으로 개발한 '스타우트'라는 맥주가 각지로 퍼지면서 이제는 '스타우트'가 하나의 맥주 스타일로 자리매김하게 됐다. 오늘날, 스타우트는 고온에서 건조한 맥아나 보리를 이용해 주로 상면발효한 '흑맥주'를 가리킨다. 기네스에서 만든 드라이 스타우트가 가장 대표적이지만, 그밖에도 다양한 종류의 스타우트가 생산되고 있다. 그 가운데 일부를 알아보자.

드라이 스타우트(dry stout)
당분을 첨가하지 않아 달지 않은 맥주. 아이리시 드라이 스타우트(irish dry stout)라고도 한다.

초콜릿 스타우트(chocolate stout)
초콜릿색이 될 때까지 건조한 맥아를 사용한 스타우트. 은은한 카카오의 풍미가 느껴진다.

밀크 스타우트(milk stout)/크림 스타우트(cream stout)
유당(≫P.171)을 첨가해 단맛을 낸 스타우트. 칼로리도 비교적 높은 편이다.(≫P.104)

오이스터 스타우트(oyster stout)
원래는 굴(oyster)과 함께 마시던 스타우트를 가리켰으나, 언제부터인가 굴 자체를 재료로 첨가한 맥주가 등장하게 되자 이를 오이스터 스타우트라 부르게 됐다. 주로 껍데기만 사용된다.

임피리얼 스타우트(imperial stout)
≫P.176

오트밀 스타우트(oatmeal stout)
매시에 귀리를 첨가한 스타우트. 귀리를 넣어 부드럽게 넘어가며, 다른 스타우트에서 느낄 수 없는 은은한 단맛이 난다.

스팀 비어(steam beer)

스팀 비어는 원래 저온에서 발효하는 라거 효모를 캘리포니아의 온화한 기후 탓에 에일처럼 높은 온도에서 발효한 맥주를 말한다. 스팀 비어는 19세기 중반부터 20세기 중반까지 널리 생산됐다가 도중에 명맥이 끊길 뻔했는데, 현대에 들어와 이러한 스타일의 맥주가 새로 부활했다. 현대에 부활한 스팀 비어는 캘리포니아 코먼(california common) 맥주로도 불린다. 과거 냉장 기술이 발달하지 않았던 시대에 탄생한 스팀 비어는 골드러시(gold rush) 시대에 탄광 노동자들이 미국 서해안에 몰려들었던 무렵에 만들어졌으나, 싸구려 맥주라는 인식이 강해 필스너 라거의 인기에 밀려 사라질 뻔했다. 하지만 도산 위기에 처한 앵커 브루잉 컴퍼니를 매입한 프리츠 메이택(≫P.205)의 노력 덕분에 스팀 비어는 되살아날 수 있었고, 그 후 더욱 맛있게 바뀌었다. 앵커 브루잉 컴퍼니는 1981년에 이러한 양조법으로 만든 맥주를 '스팀 비어'로 상품 등록했다.

캘리포니아 코먼이라고도 하지요

스파이스 비어(spice beer)

향신료를 사용한 맥주 전반을 가리키는 말이다. 펌킨 에일(≫P.201)이나 크리스마스 맥주(≫P.194)처럼 육두구나 시나몬 등을 사용한 맥주를 종종 볼 수 있는데, 그밖에도 다양한 향신료가 쓰인다.

향신료가 들어간 과자나 케이크를 흉내 낸 맥주도 있다

스펠트 밀(spelt wheat)

스펠트 밀은 요즘 사용하는 밀의 원종에 해당하는 고대 곡물이다. 단백질이 많이 들어 있어 맥주를 만들 때는 잘 사용하지 않지만, 가끔 맥주 맛에 개성을 더하기 위해 사용하기도 한다.

스포츠 바(sports bar)

스포츠 바는 스포츠 경기를 볼 수 있도록 대형 스크린을 설치하고, 스포츠 채널을 계속 틀어놓는 바를 말한다. 축구, 럭비, 야구 등 다양한 스포츠 경기를 볼 수 있다. 당구대나 탁구대를 설치해놓거나 크래프트 비어를 제공하는 등 바마다 스타일은 제각기 다르지만, 월드컵처럼 큰 대회가 있을 때는 너나 할 것 없이 열기가 뜨거워진다.

BREWERY

스프링 밸리 브루어리①(Spring Valley Brewery)

윌리엄 코플랜드(≫P.170)가 1870년에 요코하마에 설립한 양조장이다. 맥주를 만들기에 적합한 용수가 풍부한 골짜기에서 시작했기 때문에 '용수의 골짜기'를 의미하는 스프링 밸리라는 이름을 붙였다고 한다. 스프링 밸리 브루어리는 코플랜드의 동료였던 맥주 양조가 에밀 바이간트와의 소송으로 자금을 잃고 브루어리에 대한 뜬소문이 세간에 돈 탓에 1884년에 도산해버렸다. 브루어리가 철거된 부지는 재팬 브루어리 컴퍼니(기린 맥주의 전신)가 인수했다.

BREWERY

스프링 밸리 브루어리②(Spring Valley Brewery)

기린 맥주의 구성회사로 2015년에 탄생한 스프링 밸리 브루어리 주식회사가 운영하는 브루 펍이다. 윌리엄 코플랜드가 설립했던 브루어리의 흔적이 남아 있는 요코하마점과 다이칸야마에 위치한 도쿄점, 교토 나카교구에 위치한 교토점이 있다. 1300엔에 여섯 가지 맥주를 맛볼 수 있는 비어 플라이트와 맥주에 어울리는 다양한 안주가 마련되어 있다.

SVB YOKOHAMA(요코하마점)

ⓘ 230-0052 가나가와현 요코하마시 쓰루미구
나마무기 1-17-1 기린 맥주 요코하마 공장 내
(神奈川県横浜市鶴見区生麦1-17-1 キリンビー
ル横浜工場内) 전화: (+81) 045-506-3013

SVB TOKYO(도쿄점)

ⓘ 150-0034 도쿄도 시부야구 다이칸야마초 13-1
로그로드 다이칸야마 내(東京都渋谷区代官山町
13-1 ログロード代官山内)
전화: (+81) 3-6416-4975

SVB KYOTO(교토점)

ⓘ 604-8056 교토부 교토시 나카교구 다카미야초
587-2(京都府京都市中京区高宮町587-2)
전화: (+81) 75-231-4960

스피크이지(speakeasy)

'블라인드 피그(blind pig)'라고도 불린 스피크이지는 미국 금주법 시대의 주류 밀매점을 가리킨다. 오늘날에는 금주법 시대부터 이어져 내려온 복고풍 바를 뜻하기도 하지만, 원래는 '몰래 이야기하다'라는 의미에서 유래된 표현으로 '무면허 바'를 지칭하는 말이었다. 또 '블라인드 피그'는 동물을 구경하기 위해 돈을 지불하면 술을 무료로 제공하는 바나 살롱이라는 의미에서 붙여진 이름이다. 금주법 시대에 생산된 '스피크이지 맥주'에는 맥아 외에도 쌀이나 대두 등이 들어갔는데, 가볍고 깔끔한 맛이라 꽤 괜찮았다고 한다. 참고로 뉴욕 이스트 빌리지에 가면 핫도그 가게의 공중전화 박스를 통해 몰래 들어갈 수 있는 스피크이지 스타일의 라운지가 있다. 미국에 갈 기회가 있다면 이처럼 아직 남아 있는 스피크이지 바를 방문해보자.

시가코겐 맥주(志賀高原ビール)

시가 고원 기슭에 위치한 시가코겐 맥주는
1805년에 설립된 주식회사 다마무라혼텐(玉村
本店)의 맥주 브랜드다. 풍요로운 자연환경 속
에서 만들어지는 맥주에는 홉, 쌀이나 밀, 블
루베리, 라즈베리, 살구 등 이곳에서 직접 재
배한 재료도 들어간다. 대지의 축복이 깃들어
있는 이곳 맥주는 인터넷에서도 구입이 가능
하다. 참고로 브루어리 인근에 직접 운영하는 레스토랑 'The Farmhouse'가 있다.

ⓘ 381-0401 나가노현 시모타카이군 야마노우치마치 히라오 1163(長野県下高井郡山ノ内町平穏1163)
　전화: (+81) 269-33-2155

시마네 맥주 주식회사(島根ビール株式会社)

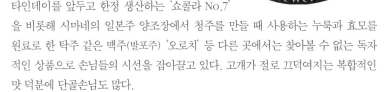

'마쓰에 지역 맥주 비아헤룬(松江地ビールビアへる
ん)' 같은 브랜드를 만들고 있는 시마네 맥주 주
식회사는 일본의 국보인 마쓰에성(城)을 둘
러싸고 있는 호리강 인근의 '마쓰에 호리
카와 지역 맥주관'에서 맥주를 생산·판
매하고 있다. 영국과 독일, 아일랜드의
전통적인 맥주 스타일을 일본인들의 취
향에 맞게 변형한 이곳의 맥주는 일본
현지 식재료와 잘 어울린다. 마치 생초콜
릿 같은 풍미를 지닌 장기 숙성 맥주로, 밸런
타인데이를 앞두고 한정 생산하는 '쇼콜라 No.7'

을 비롯해 시마네의 일본주 양조장에서 청주를 만들 때 사용하는 누룩과 효모를
원료로 한 탁주 같은 맥주(발포주) '오로치' 등 다른 곳에서는 찾아볼 수 없는 독자
적인 상품으로 손님들의 시선을 잡아끌고 있다. 고개가 절로 끄덕여지는 복합적인
맛 덕분에 단골손님도 많다.

ⓘ 690-0876 시마네현 마쓰에시 구로다초 509-1(島根県松江市黒田町509-1) 전화: (+81) 852-55-8355

시에라네바다 브루잉 컴퍼니(Sierra Nevada Brewing Company)

시에라네바다 산맥은 미국 캘리포니아주 동부에 세로로 뻗어 있는 산맥이다. 시에라네바다 브루잉 컴퍼니는 이 산맥에서 차로 한 시간 정도 거리에 있으며, 야외 활동을 좋아하는 창립자들이 좋아하는 하이킹 명소를 생각해 이름을 붙였다고 한다. 미국의 크래프트 비어 업계에서 1위를 다투는 브루어리로, 1979년에 설립된 이후 페일 에일이나 IPA를 중심으로 복잡한 풍미를 지닌 맥주를 추구해왔다. 미국

의 크래프트 비어 열풍을 이끈 선구자적인 브루어리 가운데 한 곳이기도 하다.

ⓘ www.sierranevada.com

맛있구만

시카루(sikaru)

고대 바빌로니아를 건설한 수메르인들이 마시던 맥주로, 보리빵을 잘게 찧어 뜨거운 물과 섞어 자연 발효시켜 만들었다. 보리를 익혀 전분을 당화시킨다는 의미에서는 오늘날의 맥주 양조와 기본적으로 큰 차이가 없다.

식스팩(six pack)

여섯 개로 갈라진 탄탄한 복근을 말하는 것이 아니다. 여기서 말하는 식스팩은 여섯 개가 한 팩인 병맥주나 캔 맥주를 말한다. 영어권에서 파티에 갈 때 "식스팩 가져갈까?"라고 말하면 세련된 느낌이 든다.

미안, 운동하고 오느라 늦었어.

WOW

BEER

식스팩 복근까지 함께 가져가면 더 좋아할지도!

143

신(神)

문명이 시작된 이래, 술은 신에게 가까이 다가가기 위한 방법이자 삶에 감사를 드리는 목적으로 사용되어왔다. 전 세계적으로는 와인이나 맥주 등 각기 다른 술의 신이 셀 수 없이 많이 존재한다.

케리드웬(Ceridwen)
웨일스의 보리의 여신. 마녀로도 불리는 그녀는 마법의 약을 만들 수 있다.

닌카시(Ninkasi)
고대 수메르의 양조의 여신.

에비스(恵比寿)
칠복신(복을 가져다주는 일곱 신_옮긴이) 가운데 하나로, 장사 번창의 신이다.

아에기르(Aegir)
북유럽의 바다의 신으로, 아홉 명의 딸들과 함께 신들이 마실 에일을 만드는 파티의 신이다.

하토르(Hathor)
고대 이집트 신화에 나오는 탄생과 미(美), 사랑과 결혼의 여신이다. 인간들이 반란을 일으키자 태양신 라가 자신의 딸 하토르를 보냈으나, 하토르가 자제력을 잃고 인간을 학살하자 하토르를 술에 취해 잠들게 해서 인간을 구했다는 이야기가 전해진다.

144

쌀

일본이 아닌 다른 세계 각지에서도 맥주의 균형을 맞추기 위해 종종 부원료로 쌀을 사용한다. 하지만 일본주 문화가 내려온 일본에서는 맥주를 만들 때 쌀을 사용하는 경우가 더 많다. 쌀을 사용하면 일반적으로 드라이한 피니시의 가벼운 맥주가 만들어지는데, 일본주의 제조법에서 영감을 얻은 맥주, 고급 쌀이나 고대미를 사용한 맥주 등 새로운 맥주가 끊임없이 출시되며 발전을 거듭하고 있다(≫P.176 '일본주').

쓴맛

오늘날 맥주에서 느껴지는 산뜻한 쓴맛은 맥아를 볶는 정도나 맥주에 넣는 홉의 양에 따라 결정된다. 맥주에 홉을 사용하지 않았던 과거에는 쓴맛을 내기 위해 허브나 향신료 등을 사용했다. 오늘날에는 IBU(≫P.148)라는 단위로 맥주의 쓴맛을 나타낸다.

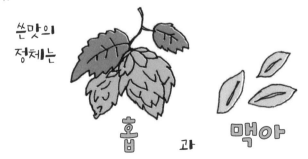

쓴맛의
정체는

홉 과 맥아

여자

글: 세노오 유키코

"일단 맥주부터 한잔하지"라며 잔을 들어 건배를 한 다음, 넥타이를 느슨하게 풀고 단숨에 맥주를 들이켜며 목을 축이는 모습……. 이러한 광경이 일본의 술자리를 대표하는 모습이다. 하지만 맥주를 즐기는 방법이 과연 그것뿐일까.

전 세계에는 수백, 아니 수천 가지의 맥주와 양조장이 있다. 당연히 맥주를 마시는 방법도 천차만별이다. 하지만 일본 맥주는 90% 정도가 필스너 타입이다. 회사마다 차이가 있기는 하지만, 다들 맥주를 무더운 여름에 목을 축이거나 술집에서 기름진 음식을 먹은 뒤 목을 헹구기 위해 마시고 있다. 술을 마실 때 "나는 맥주의 맛을 최대한 음미하면서 마셔!"라고 당당히 말하는 사람이 얼마나 될까.

일본에 좀 더 다양하고 개성 넘치는 맥주의 존재를 알려 많은 사람이 즐길 수 있는 계기를 만들고 싶다. 나는 그런 마음으로 맥주 관련 매체를 설립하고, 집필과 취재, 조사 등을 해왔다. 이제껏 주로 남성의 시선에서 바라본 맥주라는 상품을 다른 관점에서 보기 위해 주로 여성을 대상으로 글을 쓰고 기사를 편집했다.

취재를 할수록 여성의 맥주 취향 또한 천차만별이라는 사실을 깨닫게 됐다. 패션을 예로 들자면 심플한 정장 스타일을 좋아하는 사람, 우아한 원피스만 입는 사람, 기분에 따라 그날그날 새로운 스타일을 선택하는 사람이 있듯 맥주 취향도 정말 각양각색이었다. 취재를 하다 보면 "여성들은 어떤 맥주를 좋아하나요?"라는 질문을 종종 받는데, 이것만큼 센스 없는 질문이 없다. "여자들은 이런 맥주를 좋아하죠?", "이건 여자들이 좋아할 만한 스타일이네"라는 말을 하는 세상 남성들에게 말하고 싶다. 그건 "여성들은 핑크색을 좋아하죠?"라고 말하는 것이나 마찬가지라고. 보통 이런 말을 하는 남성은 여성에게 인기가 없다.(웃음)

참고로 맥주를 마시는 20~40대 여성은 일본에 1730만 명 정도가 있다고 한다(맥주여자종합연구소 조사). 그런데 그 1730만 명이 모두 백맥주를 좋아할 리는 없지 않은가! 남성이든 여성이든 모두가 각자의 취향에 맞게 더 다양한 맥주를, 다양한 방법으로 즐길 수 있는 세상을 만들어 나가는 것이 어떨까.

* 백맥주(≫P.112)

세노오 유키코(Yukiko Senoo)

크래프트 비어 회사에서 일한 경력을 살려 맥주 업계에 적극적으로 의견을 제안하고 있는 작가 겸 편집자. 웹 매거진 《맥주 여자》를 창간한 초대 편집장이다. 지금은 식품 전반으로 활동 영역을 넓혀 푸드 디렉션 팀 'Table for Tomorrow'를 주축으로 일하고 있다. 또 새로운 맥주 웹 매거진 《beerista.tokyo(홈페이지: beerista.tokyo)》를 창간했다.

아가베(agave)

아가베는 멕시코를 중심으로 남미 열대 지방에
서식하는 단자엽식물이다. 예부터 데킬라의 원료
나 감미료로 사용되어왔으며, 최근에는 맥주에도
쓰이고 있다. 미국 콜로라도주에 위치한 브레킨
리지 브루어리(Breckenridge Brewery)의 '아가베 위트(Agave Wheat)'는 깔끔한 밀
맥주에 아가베의 풍미를 가미한 산뜻한 맥주다.

아로마(aroma)

향기를 뜻한다. 맥주는 맥아나 홉, 효모의 종류에 따라 향이 변한다. 향이 강한 맥
주를 좋아하는 사람들을 위해 일본에서도 '아로마계(系)'라 불리는 맥주가 속속 등
장하고 있다. 이처럼 향이 강한 맥주는 고블렛(≫P.91~93 '맥주잔')이나 와인 잔 등
향이 잘 퍼지는 유리잔에 마시는 것이 좋다.

아밀라아제(amylase)

맥주를 만들 때 반드시 필요한 효소로, 맥아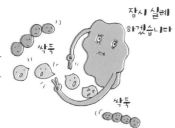
를 만드는 과정에서 생성된다. 맥아즙에 든
전분을 작게 잘라 효모가 먹을 수 있는 형태
의 당으로 바꾼다(≫P.70 '당화').

BREWERY

아사히 맥주(Asahi Beer)

1889년 오사카부 스이타시에 오사카 맥주 회사가
설립된 것이 그 시초다. 1906년에 일본 맥주, 삿
포로 맥주와 합병해 대일본 맥주가 됐다가 1949
년에 분할되어 아사히맥주가 됐다. 맥주 시장을
둘러싼 대기업 간의 경쟁이 치열한 가운데, 위스
키 시장에도 뛰어들었고 '미쓰야 사이다'와 '바야
리스 오렌지' 등 다른 음료도 생산하기 시작했다. 1987년에 발매된 '아사히 수퍼
드라이'는 맥주 업계에 큰 충격을 주었고, 이는 '드라이 전쟁'이라는 사회현상으로
까지 발전했다. 일본 내에 있는 여덟 곳의 공장 모두 견학이 가능하다.

ⓘ 130-8602 도쿄도 스미다구 아즈마바시 1-23-1(東京都墨田区吾妻橋1-23-1) 홈페이지: www.asahibeer.co.jp

아사히 맥주 오야마자키 산장 미술관(アサヒビール大山崎山荘美術館)

교토부 오야마자키초의 덴노잔산 남쪽
기슭에 위치한 미술관이다. 원래 간사
이 지방의 실업가 가가 쇼타로의 별장
이었던 서양식 건물을 아사히 맥주가
복원·정비해 본관으로 사용 중이다. 미
술관은 본관 외에도 안도 다다오가 설
계한 '지추칸(地中館, 반지하 구조인 이곳
을 안도 다다오는 '땅속의 보물 상자'라 불
렀다_옮긴이)'과 '야마테칸(山手館, 안도
다다오는 이곳을 '꿈의 상자'라 불렀다_옮긴이)'까지 총 세 개의 건물로 이루어져 있다.
이곳에는 아사히 맥주의 초대 사장이었던 야마모토 다메사부로의 소장품과 모네
(Claude Monet)의 〈수련〉을 비롯한 다양한 작품이 전시되어 있다. 옛 서양식 건물
과 현대 건축이 잘 어우러진 아름다운 정원도 구경해볼 만하다.

ⓘ 618-0071 교토부 오토쿠니군 오야마자키초 제니하라 5-3(京都府乙訓郡大山崎町銭原5-3)
　전화: (+81) 75-957-3123(종합 안내)

아이리시 모스(Irish moss)

캐러진 모스(carrageen moss)라고도 하는 홍조
류다. 절반 이상이 카라기닌(carrageenan)이라
고 하는 겔화 물질로 이루어져 있으며, 19세기
중반부터 맥주 정화제나 식품 증점제로 사용되
어왔다. 이런 것을 보면 맥주는 바다 생물에게
참 많은 도움을 받는 것 같다.(≫P.117 '부레풀',
P.179 '정화제')

아이비유(IBU)

'International Bitterness Unit'의 약자로, 쓴맛을 나타내는 국제단위다. 맥주는 보
통 홉을 많이 넣거나 맥아즙을 오래 끓이거나 또는 맥아를 오래 볶는 방법을 써서
쓴맛을 진하게 한다. 실제로 맥주를 마실 때 느껴지는 쓴맛은 맥주 자체의 특질에
따라 변하기 때문에 단순히 IBU 수치만으로는 쓴맛의 정도를 정확히 판별할 수 없
지만, 맥주를 선택할 때 참고할 만하다.

아이스보크(eisbock)

아이스 비어가 탄생하는 배경이 된 독일의 맥주 스타일. 19세기 말 추운 겨울밤 어느 양조장에서 보크(≫P.116)가 담긴 나무통 하나가 저장고 밖에 하룻밤 내내 방치되는 일이 생겼다. 이튿날 아침이 되어 나무통을 뒤늦게 발견한 브루어들은 아까운 마음에 통에 남아 있던 진한 갈색 액체를 마셔보았다. 그런데 놀랍게도 그 맛이 매우 훌륭했다! 그 일을 계기로 탄생한 아이스보크는 보크가 응축되어 더욱 풍부하고 진한 맛을 느낄 수 있지만, 알코올 도수가 10% 정도로 높은 편이므로 추운 날 천천히 마시면서 몸을 덥히는 것이 좋다.

아이스 비어(ice beer)

제조 공정에서 부분적으로 한 번 얼린 페일 라거를 말한다. 캐나다에서 독일의 아이스보크 제조 방법을 참고해 개발했다. 아이스보크와 마찬가지로, 알코올의 어는 점이 물의 어는점보다 낮다는 점을 이용하여 맥주의 일부를 얼린 뒤 얼음 부분을 제거해 알코올 도수를 높이는 방식을 사용한 것이다.

아인슈타인(Albert Einstein, 1879~1955)

알베르트 아인슈타인은 독일인으로서는 보기 드물게 맥주를 딱히 좋아하지 않았지만, 어쩐 일인지 맥주와 깊은 인연을 맺었다. 차분한 이미지 때문인지 그를 모티브로 한 맥주 광고가 여러 편 제작됐고, 심지어 1988년에는 그의 자손이라는 허구의 인물을 주인공으로 한 맥주 소재의 코미디 영화 〈영 아인슈타인〉이 개봉되기까지 했다.

아일랜드(Ireland)

아일랜드는 예부터 맥주를 만들어온 나라로, 그 역사가 무려 5천 년이 넘는다고 한다. 전통적으로 붉은빛이 섞인 맥주를 만들어왔으며, 18세기에 접어들어 기네스(≫P.54) 같은 대규모 브루어리가 생겨났다. 이러한 대형 맥주 회사가 크게 성장하면서 한때 200곳이 넘는 양조장이 줄줄이 문을 닫거나 다른 업체에 흡수되어버렸다. 그 결과 1990년대 후반에 크래프트 비어 열풍이 새롭게 불기 전까지 아일랜드의 맥주 양조는 대기업이 주도하게 됐고, 특히 기네스는 세계적인 브랜드로 성장했다. 오늘날 아일랜드의 맥주 스타일은 주로 아이리시 레드 에일(≫P.80 '레드 에일')이나 아이리시 드라이 스타우트(≫P.137 '스타우트')가 유명하지만, 크래프트 비어를 만드는 마이크로 브루어리가 증가하면서 전통적인 에일이나 새로운 스타일의 맥주를 즐기는 문화가 생기고 있다.

BREWERY

아키타아쿠라 맥주(秋田あくらビール)

아키타 구시가지 중심부에 위치한 작은 지역 맥주 양조장 '아쿠라'에서는 독일 바이에른 지방 스타일의 맥주를 모델로 한 다양한 맥주를 생산하고 있다. 이곳의 대표 상품인 '아키타 미인 맥주'는 피부 보호에 효과적인 홉의 폴리페놀 성분을 잔존시킨 맥주로, 내 몸이 좋아할 만한 맥주라는 점에서 매력적이다.

ⓘ 010-0921 아키타현 아키타시 오마치 1-2-40(秋田県秋田市大町1-2-40) 전화: (+81) 18-862-1841
홈페이지: www.aqula.co.jp

아프리카(Africa)

아프리카 각지에서는 예부터 현지에서 나는 곡물이나 발효 성분이 든 식물의 잎과 줄기로 맥주를 만들어왔다. 대표적인 작물로는 야자열매, 카사바(≫P.186), 보리, 수수, 조 등이 있다. 잡곡으로 만드는 맥주는 '밀릿(≫P.104 '밀릿 비어')'이라 불렸으며, 지금도 만들어지고 있다. 또 흔히 바이젠(≫P.108)에서 바나나와 정향의 풍미가 느껴진다고 하는데, 아프리카에는 진짜 바나나를 이용해 맥주를 만드는 지역이 있다(≫P.106 '바나나 맥주'). 아프리카에서 만들어지는 맥주는 부족별 혹은 용도별로 종류가 다르다. 우리 주변에서 흔히 볼 수 있는 맥주와는 다른 세계가 아프리카에 존재하는 것이다.

카사바

조

야자열매

안주

술 마실 때 빠질 수 없는 안주. 영어로는 스낵(snack), 애피타이저(appetizer), 바 푸드(bar food) 같은 표현이 있으며, 간단히 집어 먹는 음식이라는 뜻을 지닌 일본어 표현 '오쓰마미'도 있다. 일본에도 풋콩이나 쓰케모노, 꼬치구이, 니코미(일본식 조림 요리) 등 맥주 안주로 좋은 음식이 많이 있지만, 전 세계에는 이제껏 맛보지 못한 다양한 안주 요리가 있다. 가끔은 맥주에 어울리는 색다른 안주를 즐겨보는 것이 어떨까.

과카몰레(guacamole)
아보카도를 기본으로 한 딥(dip, 찍어 먹는 소스)으로, 고대 아즈텍 시대부터 오늘날 멕시코까지 이어져왔다. 부드러운 아보카도와 신선한 라임, 양파가 잘 어우러졌으며, 함께 마시는 맥주의 종류에 따라 그 맛이 다르게 느껴진다.

팔라펠(falafel)
병아리콩을 마늘, 파, 고수 등과 함께 갈아 만든 반죽을 기름에 튀겨 만드는 중동 음식이다. 그대로 먹거나 피타 브레드에 넣어 샌드위치처럼 먹기도 한다.

모이모이(moi moi)
으깬 콩과 양파에 후추를 비롯한 각종 향신료를 뿌려 찐 나이지리아의 음식이다. 귀여운 이름만큼이나 맥주와도 잘 어울린다. 꽤 매운 편이므로 물처럼 마실 수 있는 가벼운 맥주를 선택하는 것이 좋다.

후무스(hummus)
병아리콩에 마늘, 타히니(tahini, 참깨 페이스트), 올리브오일, 레몬즙, 소금, 후추 등을 섞어 만든 중동의 딥이다. 영양이 풍부한 음식으로, 안주로 먹으면 맥주가 술술 들어간다.

피시 앤드 칩스(fish and chips)
에일 대국인 영국을 대표하는 요리. 흰살 생선 튀김과 감자튀김에 맥아 식초(≫P.86)를 뿌려 먹는다. 간단하지만 술안주로 안성맞춤이니 좋아하는 에일과 함께 먹어보자.

포케(poke)
간장이나 소금으로 간을 한 생선회에 해초와 채소를 섞어 먹는 하와이 음식. 산뜻한 맥주와 함께 먹으면 더위가 싹 가신다.

아히요(ajillo)
마늘과 올리브오일에 주재료를 넣고 끓이는 스페인의 타파스(tapas, 식사 전에 술에 곁들여 간단히 먹는 음식_옮긴이).

훈제 정어리
러시아와 북유럽에서 술안주로 즐겨 먹는다. 그윽한 훈제 향과 생선의 감칠맛에 맥주가 술술 들어간다.

물만두
먹으면 몸속까지 따뜻해지므로 술자리를 마무리하기에 좋다.

피단
피단은 주로 오리알을 숙성시켜 만드는 중국의 진미다. 노른자가 부드러워 의외로 먹기 편하다. 가벼운 맥주와 진한 맥주 어디에나 잘 어울린다.

독일 소시지
독일 맥주에는 역시 독일 소시지가 잘 어울린다. 바이스부르스트(weißwurst), 브라트부르스트(bratwurst) 등 다양한 종류가 있으므로 갖가지 맥주와 함께 먹어보자.

프리츠(frites)
기름에 두 번 튀긴 벨기에식 감자튀김. 먹다 보면 저절로 손이 간다.

플랜틴 칩스(plantain chips)
일명 요리용 바나나인 플랜틴을 굽거나 튀겨 칩을 만든 것으로, 소금으로만 간을 해 재료 본연의 맛을 느낄 수 있다.

사모사(samosa)
다진 고기나 콩에 감자나 양파를 섞은 다음 밀가루 반죽에 싸서 튀겨 내는 인도 요리.

알 카포네(Al Capone, 1899~1947)

미국 금주법(≫P.53) 시대에 시카고 마피아의 두목이었던 인물로, 미국의 전설적인 갱이다. 도박과 매춘업 외에도 맥주의 밀조 및 밀매에까지 관여했다. 1923~1930년에 시카고 갱단 사이에서 벌어진 '맥주 전쟁(≫P.94)'을 계기로 조직의 우두머리의 자리에 올랐고, 세간의 관  심을 즐기는 성격이었던 그는 화려한 행보를 이어갔다. 금주법 시대에 만들어진 맥주를 '스피크이지 맥주(≫P.141 '스피크이지')'라고 하는데, 깔끔한 맛이 제법 괜찮은 라거였다고 한다.

알코올 도수

알코올음료에 든 에탄올의 부피 농도를 백분율(%)로 나타낸 것이다. 가벼운 맥주 중에는 알코올 도수가 3% 정도인 것도 있지만, 맥주의 알코올 도수는 대부분 4~5%다. 알코올 도수가 높은 겨울용 맥주는 6~8%이며, 발리 와인(≫P.109)은 10% 이상이다. 참고로 지금까  지 알려진 알코올 도수가 가장 높은 맥주는 2013년에 스코틀랜드의 키스 브루어리(Keith Brewery Ltd.)에서 만든 '스네이크 베넘(Snake Venom, 독사의 맹독이라는 뜻)'으로, 알코올 도수가 무려 67.5%나 된다. 홈페이지를 통해 구입할 수도 있다.

ⓘ 키스 브루어리 리미티드(Keith Brewery Ltd.) Isla Bank Mills, Keith, Scotland AB55 5DD
   전화: (+44) 1542-488-006 홈페이지: www.keithbrewery.co.uk

STYLE

알트비어(altbier)

독일의 전통적인 에일 맥주 스타일로, 특히 뒤셀도르프에서 생산되는 맥주를 가리킨다. '알트(alt)'는 독일어로 '오래된'이라  는 뜻으로, 숙성 기간이 긴 점과 라거에 비해 역사가 오래됐다는 점에서 이러한 명칭이 유래됐다고 알려져 있다. 단단하고 매끄러운 거품에 홉의 풍미가 진하게 풍기는 미 디엄 보디 에일로, 뒷맛 또한 깔끔하다.

숯불에 구운 소시지와 함께 먹으면 맛있다

애비 비어(abbey beer)

음, 이 정도면
꽤 괜찮은데

트라피스트 맥주(≫P.198)는 만들 때 여러 조건을 엄격히 지켜
야 한다. 애비 비어는 그런 조건을 완전히 충족시키지는
못하지만, 트라피스트 맥주 스타일을 기초로 만들어진 맥
주를 일컫는 것으로 트라피스트 수도회에 속하지 않은 수
도원이나 다양한 규모의 브루어리에서 생산되고 있다.

액체 빵

맥주가 '액체 빵'이라 불렸던 때가 있다.
독일에서는 '액체 상태의 빵' 또는 '유동식'
이라 부르기도 했다. 단백질, 미네랄, 비타
민이 풍부하고 에너지원이 되는 맥주는 중
세 유럽 사람들에게 소중한 식량이었다.
또 수도원(≫P.134)에서도 영양이 부족해지
기 쉬운 단식 기간 중에 특히 맥주를 중요하게 여겼다. '액체 빵'이라는 표현이 선
뜻 먹고 싶은 생각이 들지 않게 하지만, 그리스도교 신자들이 하루의 양식이자 '그
리스도의 몸'으로 신성하게 여겼던 빵처럼 소중하게 여겼다는 의미이다.

앤호이저 부시 인베브(Anheuser-Busch InBev)

벨기에 루뱅에 본사를 둔 다국적 음료회사 겸 양조 회사다. 세계 맥주 시장 점유율
이 25%에 달할 만큼 양조 회사로서는 독보적인 규모를 자랑한다. 브라질 맥주 회
사 암베브와 벨기에 맥주 회사 인터브루 그리고 미국 맥주 회사 앤호이저 부시가
합병한 최강의 회사로, 스텔라 아르투아, 버드와이저, 코로나, 호가든 등 총 200개
가 넘는 맥주 브랜드를 소유하고 있다.
ⓘ www.ab-inbev.com

앰버 에일(amber ale)

'앰버'는 보석의 일종인 호박 또는 호박색을 뜻한다. 미국 서해안 지역에서 탄생한
앰버 에일은 호박색 또는 진홍색을 띤 페일 에일(≫P.203)로, '아메리칸 페일 에일

(american pale ale)'이라고도 불린다. 페일 에일보다 무게감이 있는 편이며, 맥아와 아메리칸 홉의 풍미를 살린 스타일이다.

야드 오브 에일(yard of ale)

나팔을 부는 것 같네

야드는 미국이나 영국에서 사용하는 길이 단위로, 1야드는 약 91㎝다. 야드 오브 에일은 말 그대로 1야드 길이의 맥주잔으로, 영국에서 생겨난 것으로 알려져 있다. 구근처럼 생긴 둥근 바닥에서 위를 향해 마치 나팔처럼 넓어지는 형태로, 용량은 약 2.5파인트(약 1.4ℓ)다. 깨뜨릴 확률이 높은 맥주잔이기도 하다.

야마오카 주점(山岡酒店)

교토 니시진에 위치한 야마오카 주점. 각종 채소와 쌀을 늘어놓은 가게 앞은 얼핏 보기에 채소가게처럼 보이지만, 안으로 들어가면 선반에는 한 되들이 병이, 커다란 냉장고에는 다양한 맥주병이 진열되어 있다. 사실 교토 한복판에 조용히 자리한 이곳은 늘 150가지 정도의 일본 지역 맥주를 갖추고 있는 일본 최대 규모의 지역 맥주 가게다. 쇼와 시대 초기에 문을 연 이곳의 3대 사장인 야마오카 시게카즈는 2000년에 가업을 물려받아 2002년부터 지역 맥주 판매를 시작했다. 그는 사실 대학 시절에 마음에 드는 지역 맥주를 발견하기 전까지 맥주를 거의 입에 대지 않고 오로지 일본주만 마셨다고 한다. 그러다가 지역 맥주의 맛을 알게 되면서 맥주와 일본주를 모두 마시게 됐고 교토에서 처음으로 지역 맥주 축제까지 하게 됐다.

ⓘ 602-8475 교토부 교토시 가미교구 센본도리 가미다치우리사가루 보탄보코초 555(京都府京都市上京区千本通上立売下る牡丹鉾町555) 전화: (+81) 75-461-4772

야생 효모

야생 효모란 공기 중이나 식물, 토양 등 자연에 존재하는 효모를 말한다. 오늘날 맥주 제조 공정에서는 일반적으로 배양 효모를 사용하는데, 간혹 야생 효모를 사용하는 독특한 맥주도 있다(≫P.79 '랑비크').

BREWERY

얏호 브루잉(ヤッホーブルーイング)

나가노현 가루이자와에 위치한 맥주 회사로, 1997년에 설립됐다. 아사마야마산의 경수를 사용해 오직 에일 맥주만 만들고 있다. 대표 맥주인 '밤마다 에일' 외에도 '수요일의 고양이'나 '인도의 파란 도깨비'처럼 재미있는 이름이 붙은 이곳의 맥주는 인터넷이나 일반 슈퍼마켓, 편의점에서 편하게 구입할 수 있다. 또 도쿄에 일곱 곳의 점포를 둔 'YONA YONA BEER WORKS'에서는 맛있는 음식과 함께 얏호 브루잉의 맥주를 드래프트로 즐길 수 있다.

ⓘ 389-0111 나가노현 가루이자와초 나가쿠라 2148(長野縣輕井沢町長倉2148) 전화:(+81) 267-66-1211

양조

효모를 사용해 액체를 발효시켜 알코올음료나 조미료 같은 식품을 만드는 일이다. 맥주나 와인 같은 술뿐만 아니라 간장이나 식초도 '양조'해서 만든다. 술에는 '양조주'와 '증류주'가 있는데, 증류주는 1차 발효된 양조주를 다시 가열해 기화시켜 알코올 농도를 높이고 불순물 등을 제거한 것을 말한다.

어린이 맥주(こどもびいる)

어린이도 마실 수 있는 맥주……가 아니라, 탄산음료다. 물론 알코올은 전혀 들어 있지 않다. 복고풍 라벨이 붙은 병에 담긴 어린이 맥주는 빛깔이나 잔에 따랐을 때 거품이 올라오는 모습이 영락없는 맥주다. 맛은 애플사이다에 가깝다. 어른 흉내를 내보고 싶은 아이들뿐만 아니라 맥주를 마시지 못하는 어른들도 즐길 수 있는 제품이다.

에비스 맥주(YEBISU BEER)

삿포로 맥주의 전신인 일본 맥주 양조회사에서 1890년에 출시한 에비스 맥주는 원래 지금의 '에비스 가든 플레이스(도쿄 시부야구)' 자리에 있던 공장에서 생산됐다. 완성된 맥주를 운반하기 위해 생긴 역에 '에비스'라는 이름이 붙게 됐고, 역 일대에 생겨난 거리의 이름 또한 에비스가 됐다. 에비스 맥주는 1900년에 열린 파리 만국박람회에서 금상을 수상했으며, 지금도 독일 맥주 순수령에 바탕을 둔 프리미엄 맥주를 생산하고 있다.

에스알엠(SRM)

'Standard Reference Method'의 약자다. 표준 참조 방법이라는 뜻으로, 맥주나 맥아의 색을 나타내는 단위다. 필스너나 윗비어는 2SRM 정도이며, 앰버 에일은 9~18SRM, 브라운 에일은 20~30SRM 정도다. 40SRM까지 가면 거의 검은색에 가까운 가장 어두운 맥주가 된다.

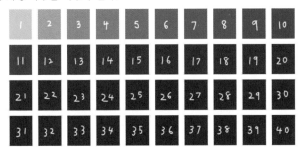

에스테르(ester)

맥주에서 느껴지는 과일 향 같은 풍미를 내는 화합물이다. 이러한 풍미는 사실 과일이나 홉 때문이 아니라, 효모의 발효 과정 중에 생겨난다. 장미 향 같은 꽃향기나 배, 망고, 바나나 같이 달콤한 과일 향이 난다면 에스테르 때문일 가능성이 있다. 특히 영국의 에일이나 독일의 바이젠(≫P.108) 등에서 잘 느낄 수 있다.

에이비브이(ABV)

'Alchohol By Volumn'의 머리글자를 딴 말로, '알코올 도수(≫P.153)'를 가리킨다.

에일(ale)

옛날에는 '홉을 사용하지 않은 맥주'를 뜻했지만, 지금은 상면발효효모(≫P.129 '상면발효')를 사용해 만든 맥주를 말한다. 맥아의 단맛과 고온 발효로 생긴 에스테르의 프루티한 풍미가 특징이다. 발효 온도는 18~25℃로 비교적 높은 편이며, 하면발효맥주에 비해 발효 속도도 빠르다. 또 효모의 알코올 내성이 높아 강한 맥주를 만들 수 있다. 하면발효효모는 중세 시대까지 발견되지 않았기 때문에 그때까지 생산된 맥주는 모두 에일이었다. 19~20세기에는 필스너(≫P.207) 타입의 라거가 전 세계에 빠르게 침투했는데, 지금도 영국이나 벨기에에서는 에일이 여전히 사랑받고 있다. 요즘은 크래프트 비어 열풍이 불면서 에일의 인기가 다시 높아지고 있다.

에일와이프(alewife)

① 청어의 일종.
② 판매를 목적으로 상업용 에일을 만드는 여성, 즉 에일하우스를 운영하는 여성을 말한다. 중세 영국에서 생겨난 표현이다. 오늘날에는 남성 브루어들이 많지만, 당시 영국에서는 주로 여성이 맥주 양조를 담당했다. 참고로 고대 메소포타미아 문명에서도 맥주 양조는 여성의 일이었다. 어쩌면 크래프트 비어 열풍을 타고 다시 한 번 에일와이프의 시대가 도래할지도……

에일하우스(alehouse)

에일을 파는 술집 또는 태번(≫P.196)이나 인(≫P.173)처럼 식사와 숙박이 가능한 시설을 말한다.

BREWERY
에치고 맥주(エチゴビール)

니가타현의 에치고 맥주는 1994년에 주세법이 개정된 이후 설립된 첫 번째 지역 맥주 회사로, 같은 니가타에 위치한 부르봉(BOURBON Corporation)의 그룹사다. 고객들에게 맥주의 다양함을 알리고자 여러 종류의 맥주를 생산하고 있다. 왠지 모르게 웃음이 나는 로고는 독일 보크 비어(Bock Beer)에 등장하는 염소를 모티브로 한 것이다.

ⓘ 953-0016 니가타현 니가타시 니시칸구 마쓰야마 2(新潟県新潟市西蒲区松山2) 전화: (+81) 256-76-2866

여과

효모나 양조 과정에서 발생한 혼탁 물질을 제거하는 맥주의 주요 공정이다. 예전에는 체나 천을 사용했으나, 미세한 입자까지 걸러 내지 못해 침전물이 남았다. 지금은 정화제나 미세 필터를 사용한다. 불과 몇 년 전까지만 하더라도 침전물을 완벽히 걸러 낸 맑은 맥주를 높이 평가하는 이들이 많았지만, 크래프트 비어가 유행하면서부터 무여과 맥주를 재평가하는 이들이 점차 늘고 있다.

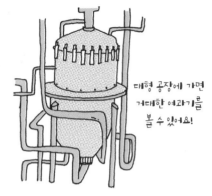

대형 공장에 가면 거대한 여과기를 볼 수 있어요!

여행의 추억

독일

대학 시절, 친한 친구를 만나기 위해 뉴욕에서 독일로 날아갔다.

1

비행기 안에서 방치해두었던 사랑니가 욱신거리기 시작했다.

큰일이네

2

으윽, 아파

PROST!

채식주의자

하지만 맥주의 본고장 독일에서 금주를 할 수는 없었다.

3

결국 볼이 퉁퉁 부었다.

OH MY GOD

독일에서 치과 순례를 해야 했다.

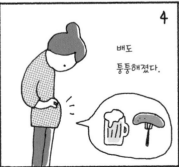

4

배도 퉁퉁해졌다.

베이징

대학 시절, 여름 방학을 이용해 베이징에 한 달 동안 머물렀다. 덥다는 핑계로 매일 같이 병맥주를 마셔댔다.

연간 소비량

전 세계의 맥주 연간 소비량은 전체적으로 증가세를 보이고 있다. 가장 궁금한 순위를 한번 살펴보자. 맥주 대국이라는 이미지가 그다지 없는 중국이 2014년까지 12년 연속 1위를 차지하고 있다. 2위는 미국, 한국은 15위다. 한편 독일은 과거 전성기에 비해 맥주 소비량이 대폭 줄어들고 있지만, 그래도 5위 안에는 들었다. 체코가 의외로 20위로 순위가 낮았는데, 인구가 약 1050만 명이라는 점을 고려하면 이해가 간다.

1 중국(4,485.3)

2 미국(2,417.2)

3 브라질(1,314.6)

4 러시아(1,001.2)

5 독일(844.1)

6 멕시코(690.8)

7 일본(540.7)

8 영국(437.5)

9 폴란드(377.6)

10 스페인(372.9)

11 베트남(364.0)

12 남아프리카공화국(315.0)

13 우크라이나(242.0)

14 인도(235.0)

15 한국(229.2)

16 베네수엘라(217.3)

17 콜롬비아(215.5)

18 캐나다(202.6)

19 프랑스(192.4)

20 체코(187.9)

※2014년(단위: 만㎘)

'기린 맥주 대학' 참조(www.kirin.co.jp/company/news/2015/1224_01.html)

영국(United Kingdom)

전통 리얼 에일(≫P.82)과 펍 문화(≫P.202 '펍')로 유명한 영국. 요즘은 라거도 인기가 있지만, 원래 영국에서는 15세기에 네덜란드에서 홉을 사용한 맥주 양조법이 들어오기 전까지 오직 맥아와 물로만 만든 에일 맥주를 주로 마셨다. 일본에서는 대부분 맥주를 차갑게 식혀 마시지만, 에일은 보통 7~11℃ 정도가 적당하다고 보기 때문에 영국 펍에서는 맥주를 조금 미지근한 상태로 내오는 일이 많다. 과거에 영국은 안전한 식수 조달에 어려움이 많았다. 그래서 영국인들에게 에일은 물을 대신하는 생활필수품 같은 존재였다. 상업적 양조가 시작되기 전까지 영국의 주부들은 충분한 양의 에일을 늘 준비해두어야 했고, 각 가정마다 기본적인 맥주 양조 도구를 갖추고 있었다. 영국을 대표하는 맥주 스타일로는 페일 에일(≫P.203), 비터(≫P.125), 올드 에일(≫P.166), 포터(≫P.203), 스타우트(≫P.137) 등을 들 수 있다. 영국에서도 최근에는 소규모 브루어리에서 만드는 크래프트 비어가 증가하고 있다.

미지근한 게 딱 좋네

예술과 맥주

예술과 맥주는 서로의 가치를 향상시키는 훌륭한
조합이다. 술이 들어가 살짝 취하면 예술 작품
이나 공간에 마음을 열게 되고, 반대로 아름
다운 예술 작품을 보거나 음악을 들으면
술이 한층 맛있게 느껴진다. 일본 맥주
업체 중에서는 특히 아사히 맥주가 예술
분야와 사이가 좋은 편이다. 도쿄 스미다강변에
위치한 '슈퍼 드라이 홀'은 건물 꼭대기에 있는 황금 불꽃 모양의 독특한 오브제로
유명한데, 아사히 맥주 창업 100주년을 기념하여 프랑스의 건축가이자 디자이너
가 설계한 것이다.(≫P.147 '아사히 맥주', ≫P.148 '아사히 맥주 오야마자키 산장 미술관')

BREWERY

오라호 맥주(OH! LA! HO Beer)

오라호 맥주는 1996년에 나가노현 도미시에서 탄생한 맥주
브랜드다. '오라호(OH! LA! HO)'는 이 지역 사투리로 '우리'
또는 '우리 지역'이라는 뜻이다. 이곳을 대표하는 골든 에일
과 앰버 에일, 쾰슈, 페일 에일, 캡틴 크로우 엑스트라 페일
에일 외에도 계절별로 맛이 다른 '비에르 드 라이덴'을 만들
고 있다.

ⓘ 389-0505 나가노현 도미시 가노 3875(長野県東御市和3875)
전화: (+81) 268-64-0003

BREWERY

오리온 드래프트(Orion Draft)

1960년에 탄생한 이후, 오키나와뿐만 아니라 일본 내에서 사랑을 받고
있는 맥주다. 오키나와의 기후와 풍토에 어울리는 시원하고 상쾌한 맛의
오리온 드래프트는 2015년 여름에 리뉴얼을 거치면서 더욱 맛있어졌다.
풍부한 거품과 부드러운 목넘김, 적당한 쓴맛이 어우러진 맥주로,
부담없이 마실 수 있다. 한국에서는 생맥주로 맛볼 수 있다.

ⓘ 901-2551 오키나와현 우라소에시 아자구스쿠마 1985-1(沖縄県浦添市字城間
1985-1) 전화: (+81) 98-877-1133 홈페이지: www.orionbeer.co.jp

오리지널 그래비티(OG, original gravity)

≫P.169 '원맥즙 농도'

오바마(Barack Obama, 1961~)

미국의 제44대 대통령인 버락 오바마는 맥주를 좋아하는 애주가다. 2011년에는 사비로 구입한 홈 브루잉 키트로 '화이트하우스 허니 에일(White House Honey Ale)'이라는 맥주를 만들었다. 이는 백악관에서 만든 최초의 맥주이며, 그 후로도 '허니 블론드 에일', '허니 포터', '허니 브라운' 등 새로운 맥주가 등장했다. 백악관 부지 내에서 채집한 벌꿀을 사용한 이 맥주는 주로 백악관 파티에 참석한 손님들에게 대접했다고 한다. 미국 초대 대통령인 조지 워싱턴(≫P.180)이나 제3대 대통령인 토머스 제퍼슨(Thomas Jefferson)도 맥주를 직접 만든 것으로 유명하지만, 백악관 내에서 직접 맥주를 만들었다는 증거는 없다. 참고로 2012년에 화이트하우스 허니 에일의 레시피가 공개됐다.

ⓘ obamawhitehouse.archives.gov/blog/2012/09/01/ale-chief-white-house-beer-recipe

오스트리아(Austria)

알프스의 깨끗한 물 덕분에 맥주도 잘 만들 수 있는 오스트리아. 특히 제국 시절 수도 비엔나는 맥주 양조의 중심지였다. '비엔나'(≫P.124)라고 하는 비엔나 맥아를 사용해 만든 라거 맥주가 유명하다. 지금도 1인당 맥주 소비량이 세계 상위권 수준인 나라다.

오프 플레이버(off flavor)

직역하자면 '벗어난 맛'이라는 뜻으로, 효모가 의도한 대로 작용하지 않았거나 기자재나 원료에 잡균이 들어가는 등 맥주 양조에 문제가 생겼을 때 발생하는 바람직하지 않은 풍미나 향, 식감 등을 말한다. 유황 냄새나 스컹크 냄새, 식초나 페인트 같은 냄새, 강한 버터의 풍미나 곰팡이 냄새 등 다양한 오프 플레이버가 있다.

옥토버페스트(Oktoberfest)

원래 옥토버페스트는 수확의 기쁨과 양조 시즌의 개막을 축하하는 바이에른 지역의 축제였으나, 이제는 세계적인 맥주 축제로 유명하다. 그중에서도 가장 유명한 것이 독일 뮌헨에서 열리는 옥토버페스트다. 9월 중순부터 10월 초까지 16일 동안 개최되는 맥주 축제는 전 세계에서 600만 명이 넘는 사람들이 찾아오는 세계 최대 규모의 '볼크스페스트(≫P.117)'다. 이 축제는 1810년 10월 12일에 열린 바이에른 왕국의 루드비히 황태자와 작센의 테레지아 공주의 결혼식을 계기로 열리게 됐다. 그 자리에 참석한 일반 시민들이 크게 기뻐하자 그 후 해마다 축제를 열었고, 축제 규모는 날로 커졌다. 오늘날 축제가 열리는 '테레지아 초원'은 그 면적이 31헥타르에 달한다. 축제 기간에는 이동식 유원지까지 마련되어 남녀노소가 함께 즐길 수 있는 자리가 된다. 뮌헨 옥토버페스트에서는 뮌헨에 있는 브루어리 여섯 곳이 오직 이 행사만을 위해 만드는 '옥토버페스트 비어'만 마실 수 있다. 각 브루어리마다 수만 명을 수용할 수 있는 텐트를 설치하고, '마스크루크(maßkrug)'라 불리는 1ℓ 맥주잔에 맥주를 따라 제공한다. 또 맥주 안주로 좋은 고기 요리 등 그 지역의 다양한 요리도 판매한다. 맥주의 성지를 직접 경험하고 싶다면 꼭 한번 가보기 바란다.

옥토버페스트 비어(Oktoberfest beer)

옥토버페스트에서 마시는 전통적인 맥주 스타일(≫P.94 메르첸).

올드 에일(old ale)

맥아의 풍미가 도드라지는 풀 보디 맥주로, 영국의 전통적인 맥주 스타일이다. 짙은 호박색에서 검은색에 가까운 갈색 정도의 어두운 색을 띠며, 장기간 저장해 숙성시키기 때문에 올드 에일이라 불린다. 향은 부드럽지만 알코올 도수는 높은 편으로, 과일처럼 달콤한 맛과 향이 섞여 있다. 알코올 도수가 높은 올드 에일 중에는 포트 와인과 비슷한 것도 있다.

와이프 캐링(wife carrying)

와이프 캐링은 '아내 나르기'라는 뜻으로, 시작은 핀란드의 장애물 경기 에우콘칸토(eukonkanto)이다. 이 대회는 해마다 열리는데, 대회에서 이긴 사람은 아내의 몸무게에 해당하는 양의 맥주를 상으로 받는다. 이러한 경기가 언제부터, 왜 열리게 됐는지는 정확히 알 수 없지만, 대회 참가자들은 매우 진지한 자세로 경기에 임한다. 와이프 캐링 대회는 세계 각지에서 열리는데, 아내를 나르는 방법은 저마다 다르지만 일명 '에스토니언 스타일(estonian-style)'이라 불리는 자세가 제일 유리하다고 알려져 있다.

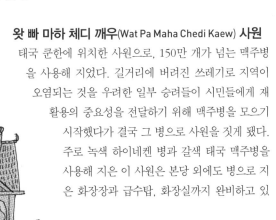

※이 자세가 '에스토니언 스타일'이다.

왓 빠 마하 체디 깨우(Wat Pa Maha Chedi Kaew) 사원

태국 쿤한에 위치한 사원으로, 150만 개가 넘는 맥주병을 사용해 지었다. 길거리에 버려진 쓰레기로 지역이 오염되는 것을 우려한 일부 승려들이 시민들에게 재활용의 중요성을 전달하기 위해 맥주병을 모으기 시작했다가 결국 그 병으로 사원을 짓게 됐다. 주로 녹색 하이네켄 병과 갈색 태국 맥주병을 사용해 지은 이 사원은 본당 외에도 병으로 지은 화장장과 급수탑, 화장실까지 완비하고 있으며, 지금도 수집한 폐병으로 사원을 증축하고 있다. 아름답게 빛나는 녹색 사원은 환경까지 생각한 위대한 걸작이다.

왕가

유럽에 널리 퍼져 나간 맥주는 왕족들에게도 매우 중요한 존재가 됐다. 왕족은 서민들에게 맥주 양조 자격을 부여하는 위치에 있었지만, 일부 왕족은 맥주를 직접 만들기도 했다. 왕족이 소유한 넓은 부지에 생활에 필요한 물품을 만들 수 있는 개인 빵집이나 정육점, 와이너리나 브루어리가 있었기 때문이다. 오늘날에도 여전히 왕가의 후손이 운영하는 곳으로는 바이에른 지방의 칼텐베르크(Kaltenberg) 양조장을 들 수 있다.

음, 역시 우리 맥주가 최고야!

왕관 병뚜껑

맥주병은 스커트(skirt)라 불리는, 21개의 홈이 있는 왕관 모양의 금속 뚜껑으로 밀봉되어 있다. 지금은 누구나 당연하게 여기지만, 사실 이러한 병뚜껑은 19세기 말에 탄생했다. 그 전까지는 코르크 마개가 사용됐는데, 코르크 마개는 열기가 힘들어 병을 깨뜨리는 일이 잦았을 뿐만 아니라 마개를 따다가 거품이 솟구쳐 올라 옷이나 바닥을 적시는 등 골칫거리였다.

왕관 병뚜껑을 발명한 사람은 윌리엄 페인터(William Painter)라는 미국의 발명가 겸 기술자였다. 이 병뚜껑 덕분에 맥주병을 간단히 밀봉하고 딸 수 있게 됐다. 일본에는 왕관 병뚜껑이 1900년에 들어왔지만, 당시 일본은 병 제조 기술이 부족한 상태였기에 왕관 병뚜껑이 보급되는 데에 오랜 시간이 걸렸다.

맥주 브랜드마다 왕관 병뚜껑을 독자적으로 디자인하는데, 수집가들 중에는 이러한 병뚜껑을 모으는 사람도 있다. 아래에 소개한 빈티지 스타일의 근사한 병뚜껑을 구경해보자.

사진 제공: thebottlecapman.com(여기서도 빈티지 왕관 병뚜껑을 구입할 수 있다)

요리

요리에 와인이나 청주를 많이 넣는데, 사실 맥주로도 예상치 못한 맛을 낼 수 있다. 빵이나 튀김옷, 조림이나 수프 등에 맥주를 넣으면 깊은 맛이 더해지고 고기를 마리네이드(marinade, 고기나 생선을 조리 전에 맛을 들이거나 부드럽게 하기 위해 재워두는 향미를 낸 액체)할 때 맥주를 사용하면 육질이 연해진다. 특히 홍합 등을 넣은 맥주 조개찜은 매우 쉽게 만들 수 있는 데다 빵을 곁들이면 완벽한 한 끼 식사나 근사한 술안주가 된다. 평범한 가정식 요리를 더욱 화려하게 변신시켜주는 맥주 요리법을 꼭 한번 시도해보자.

용기 주입

맥주를 출하하기 전에 거치는 마지막 공정이 바로 용기 주입이다. 맥주를 맥주 통이나 병, 캔에 담는데, 모든 용기는 먼저 이상이 없는지를 검사하고 깨끗하게 세척한 후에 담는다. 맥주를 병에 담을 때는 맥주의 산화를 방지할 수 있도록 이산화탄소를 주입해 병 속 공

기계를 이용해 신속히 주입한다

168

기를 몰아내어 가압 상태를 만든 다음 맥주를 주입한다. 캔은 용기와 뚜껑이 분리되어 있는데, 맥주를 담을 때 이산화탄소를 세차게 내뿜는 상태에서 빠르게 뚜껑을 덮는다. 어떤 용기를 사용하든지 공기와의 접촉을 최대한 피하고 청결한 용기에 신속히 담는 것이 중요하다.

우주

이제는 맥주 업계가 우주에까지 손을 뻗었다. 2009년에 삿포로 맥주가 우주를 유영한 보리로 만든 '삿포로 스페이스 발레이'를 선보였다. 2013년에 미국 도그피시 헤드 크래프트 브루어리에서는 달의 운석을 사용한 '셀레스트 주얼 에일(Celest-jewel-ale)'이라는 맥주가 나왔다. 앞으로도 우주와 관련해 어떤 맥주가 나올지 몹

시 궁금하다. 참고로 우주에서는 맥주를 마셔도 액체와 기체가 분리되지 않아서 그리 상쾌하지 않다. 또 미각도 둔해지기 때문에 향긋한 홉과 맥아의 맛을 잘 느끼지 못하게 된다. 역시 맥주는 지구에서 마시도록 하자. ※현재는 판매하지 않는다.

워트(wort)

맥아즙(≫P.87)을 말한다.

원맥즙 농도

맥아즙의 농도를 나타내는 수치로, 영어로는 'original gravity'라고 한다. 효모는 당을 분해해 알코올과 이산화탄소를 만들기 때문에 원맥즙 농도가 높아지면 알코올 도수도 높아진다. 일본 맥주의 원맥즙 농도는 대부분 11~12% 정도이며, 농도가 낮은 맥아즙으로는 라이트 비어(≫P.79)를 만들 수 있다.

원샷

많은 양의 술을 단숨에 들이켜는 것을 말한다. 술을 마시면 30분에서 한 시간이 지나야 술기운이 도는데, 이렇게 술을 단번에 들이켜면 급성알코올중독에 걸릴 가능성이 있어 매우 위험하다. 어차피 맥주는 탄산이라 급하게 마셨다가는 속이

천천히 마시는 게 좋아요

불편하고 맛도 제대로 못 느끼지만, 맥주뿐만 아니라 다른 술을 마실 때도 천천히 맛을 음미하며 마시도록 하자.

위젯(widget)

아름다운 거품을 만들 목적으로 맥주캔에 넣
은 플라스틱 공으로, 기네스(≫P.54)의
특허품이다. 질소가 들어 있는 위젯
이 캔 안의 기압을 조절하여 부드러
운 거품을 만들어 낸다. 보통 캔의 내부
에는 탄소가 들어 있는데, 위젯에 든 질소는 액
체의 산화를 막을 뿐만 아니라 촘촘한 거품을 만들어 낸다. 일본에서도 2011년에
얏호 브루잉(≫P.156)에서 위젯을 넣은 '요나요나 리얼 에일'을 한정 판매했다. 이
제 거품이 아름답게 올라간 환상적인 한 잔을 가정에서도 맛볼 수 있게 됐다.

윌리엄 코플랜드(William Copeland, 1834~1903)

메이지 시대 초기에 스프링 밸리 브루어리(≫P.140)
를 설립한 노르웨이계 미국인이다. 맥주의 본고
장 독일 바이에른 지방에서 5년 동안 맥주 양조
법을 배운 것으로 알려져 있다. 그 후 미국에서
생활하다 일본으로 건너와 맥주 양조 사업에
뛰어들었다. 일본에 새로운 양조 기술을 도입
하고 일본인 브루어를 양성했으며 일본
최초의 비어 가든을 여는 등 매우 적극
적인 자세를 보였다. 그가 만든 맥주도 평
판이 좋아 한동안 크게 번성했으나, 내부 갈등으로 1884년에 도산하고 말았다. 코
플랜드는 도산 후에도 비어 가든을 계속 운영하며 어떻게든 버텨보려고 애썼지만,
결국 일본 맥주 업계에서 손을 뗄 수밖에 없었다. 코플랜드는 일본 맥주 역사에 큰
이름을 남겼지만, 그의 인생은 이처럼 안타까운 부분이 있었다.

STYLE

윗비어(witbier)

중세 시대에 벨기에에서 사용한 플라망어로 '흰 맥주'라는 뜻이다. '벨지언 화이트

(belgian white)'라고 불리기도 한다. 일본에서 가장 인기 있는 스타일 중 하나로 독일 바이젠보다 알코올 도수가 낮으며, 고수나 오렌지필 같은 그루트(≫P.51)의 풍미와 알싸한 자극이 특징이다.

담백한 치즈와 잘 어울린다

몸에 좋은 유기농 맥주

유기농 맥주(organic beer)

요즘은 유기농 재료만을 사용해 만든 다양한 유기농 식품이 있는데, 맥주도 예외가 아니다. 맥주 왕국 독일의 뮌스터에 있는 핀쿠스 뮐러(Pinkus-Müller) 브루어리에서 1979년에 처음으로 유기농 맥주를 생산한 이후 각지에서 유기농 맥주가 등장하고 있다.

유당

유당 또는 락토오스(lactose)는 효모가 분해하지 못하는 당류로, 맥주를 만들 때 유당을 첨가하면 은은한 단맛을 낼 수 있다. 주로 '밀크 스타우트(≫P.104)'를 만들 때 사용한다.

유산

맥주를 부패시키는 원인이므로 주의해야 할 유기화합물이다. 그러나 벨기에나 독일에서는 오히려 유산을 이용해 신맛이 나는 맥주를 만들기도 한다. 독일에서는 베를리너 바이스(berliner weiße) 같은 밀맥주, 벨기에에서는 랑비크(≫P.79)나 일부 윗비어가 대표적이다. 유산을 이용한 발효는 조절이 어려워 동일한 브랜드의 맥주라 하더라도 맛에 차이가 날 수 있지만, 그 또한 맥주를 즐기는 방법 가운데 하나다. 참고로 '유산균'은 당을 분해해 유산을 만들어 내는 미생물의 총칭이다.

엄마야~
맥주 탱크

이스트(yeast)

'이스트'라고 하면 흔히 빵을 만들 때 사용하는 효
모를 떠올리지만, 사실 '이스트'와 '효모(≫P.217)'는
같은 뜻이다.

이시카와 주조(石川酒造)

1863년에 문을 연 이시카와 주조는 일본주로 유명한 곳
이지만, 이곳의 맥주 또한 주목을 받고 있다. 독일이나
벨기에의 필스너 스타일을 기본으로 하는 이곳 맥주는
자사의 지하 천연수를 사용해 메이지 시대의 맥주를 복
원한 '다마노메구미', 5년 동안 장기 숙성이 가능한 보틀
컨디션 맥주 '그레이스 오브 그레이스(Grace of Grace)'
등 흥미로운 맥주가 많다. 도쿄 훗사시에 위치한 이시카
와 주조를 방문하면 오랜 역사가 느껴지는 술 창고를 견
학하고 양조장 내에 위치한 레스토랑에서 신선한 맥주를
맛볼 수 있다.

ⓘ 197-8623 도쿄도 훗사시 구마가와 1번지(東京都福生市熊川1番地)   전화: (+81) 42-553-0100

이와테쿠라 맥주(いわて蔵ビール)

이와테쿠라 맥주는 에도 시대부
터 이어져 내려온 '세키노이치 주
조' 양조장의 기술을 바탕으로 탄
생한 크래프트 비어 브랜드다. 특
히 주목할 맥주는 이와테 현지 식
재료를 사용해 만든 '산리쿠 히로
타만산 굴 스타우트'다. 오직 히로

타만(灣)에서 채취한 굴만을 사용하는 이 맥주는 은은한 바다의 향기와 진한 맛이
맥주에 깊은 맛을 더한다.

ⓘ 021-0885 이와테현 이치노세키시 다무라초 5-42(岩手県一関市田村町5-42)
   전화: (+81) 191-21-1144   홈페이지: sekinoichi.co.jp/beer

이자카야(居酒屋)

일본에 이자카야가 생긴 것은 에도 시대의 일이다. 예전에는 '사카야(酒屋)'라 불리던 일본주 양조장에 손님이 직접 용기를 들고 와서 술을 받아갔던 것이 언젠가부터 앉아서 마실 수 있게 되고 그 후 간단한 안주나 요리까지 나오게 되면서 일본어로 '앉다', '머무르다'라는 뜻의 '이루(居る)'가 붙어 '이자카야(居酒屋)'가 탄생했다.

인(inn)

영국을 비롯한 서양에서 투숙객에게 식사와 음료를 제공하는 숙박 시설을 말한다. 인은 지역 주민이 교류하는 공간이기도 하다. 로마 시대에 유럽에 도로가 건설된 것을 계기로 생겨났다고 알려져 있다.

인도(India)

더운 인도에서는 갈증을 풀어주는 맥주가 큰 인기다. 인도 맥주 중에서는 '킹피셔(Kingfisher)'가 유명하지만, 그밖에도 '타지마할(Taj Mahal)', '라이언(Lion)', '코브라(Cobra)' 등 재미있는 이름이 붙은 맥주 브랜드가 많다. 사실 인도는 영국의 식민지가 되기 전부터 쌀로 맥주를 만드는 지역이나 마을이 있었다. 맥주 맛을 알아버린 코끼리 떼가 이러한 마을을 습격하는 일도 있었다고 한다. 유럽식 맥주가 인도에 전해진 것은 대영제국 시대부터이다. 18세기 초기에는 페일 에일이, 18세기 말에는 인디아 페일 에일이 수입됐고, 19세기 말부터는 인도 현지에서 직접 유럽식 맥주를 생산하기 시작했다. 오늘날 인도 사람들이 가장 즐겨 마시는 맥주는 라거다.

인디아 페일 에일(India pale ale, IPA)

대영제국 시대에 수출용으로 개발된 스타일로, 약어인 아이피에이(IPA)로 흔히 불린다. 동인도회사가 설립된 후 영국과 인도 사이에 무역이 활발해지자, 인도에 거주하던 영국인들은 고향의 맥주 맛을 그리워했다. 초창기에 몇몇 브루어리가 인도 시장을 독점해 폭리를 취하자 이를 보다 못한 동인도회사가 다른 브루어리에 위탁해 식민지 사정에 맞는 전용 맥주를 생산하기 시작했다. 이렇게 만들어진 새로운 맥주가 바로 인디아 페일 에일이다. 인디아 페일 에일은 장기간 항해에도 부패하지 않도록 기존의 페일 에일보다 홉의 양을 늘리고 알코올 도수를 높였다. 또한 도심에서 멀리 떨어진 지역의 우물물을 사용해 독특한 쓴맛과 뛰어난 풍미를 자랑했다. 이렇게 완성한 특제 에일을 동인도회사가 합리적인 가격으로 인도 시장에 선보이자 금세 큰 인기를 끌었다. 홉의 쌉쌀한 맛이 더욱 강조된 인디아 페일 에일은 지금도 홉을 좋아하는 사람들 사이에서 인기를 끌고 있다.

인퓨전(infusion)
제조 공정 기법 가운데 하나로, 일정한 온도에서 매싱하는 것을 말한다. 대부분의 맥주 스타일은 65~70℃의 온도에서 매싱해 만든다.

뚜껑을 덮어 사용하는 간단한 제품

프렌치프레스를 사용할 때도 있다

인퓨즈드 비어(infused beer)
마시기 전에 과일이나 홉을 넣은 용기에 맥주를 부어 풍미를 더한 맥주. 탭에 직접 연결해 사용하는 랜들(≫P.80), 맥주를 붓고 뚜

껍을 덮어 잠시 우리는 제품 등 다양한 형태의 인퓨저 장치가 나와 있다. 맥주에 신선한 홉이나 과일 등의 풍미를 더해 자신의 입맛에 딱 맞는 맥주를 만들 수 있으므로 한번 시도해볼 만하다.

"일단 맥주부터 주세요."

일본에서는 술을 마시거나 외식 자리에서 자주 하는 말("토리아에즈 비루")이다. 일본에서 이자카야를 가게 된다면 써먹어봐도 좋겠다.

일본

일본 맥주의 역사는 에도 시대에 네덜란드에서 들어온 맥주를 난학자(蘭学者, 에도 시대 네덜란드의 학문을 연구한 학자)들이 마신 것에서 출발했다. 초기에는 난학자들끼리 가끔 마시는 수준이었으나, 1853년에 요코하마항이 개항하자 기다렸다는 듯이 맥주가 수입되기 시작했다. 먼저 영국 스타일의 에일이 수입되어 요코하마에 거주하던 외국인들을 중심으로 퍼져 나갔다. 그러다가 메이지 시대에 접어들자 맥주가 활발히 소비되기 시작했다. 1873년에 이와쿠라 사절단이 유학을 마치고 돌아오자 일본 정부는 그동안 모델로 삼아온 영국 문화를 버리고 독일 문화를 채택했다.

이를 계기로 맥주 또한 기존에 마시던 에일에서 필스너 타입의 라거로 전환했다. 오늘날 일본 대형 맥주 업체가 필스너를 생산하는 이유도 이러한 역사적 배경 때문이다. 쓴맛이 적고 가벼운 필스너 맥주는 더욱 큰 인기를 끌었다. 맥주 양조도 활발해져 1886년에 이미 일본산 맥주의 소비량이 수입 맥주 소비량을 웃돌기 시작했고, 그 후 맥주 수입이 서서히 감소세로 돌아섰다. 2차 세계대전 중에는 맥주가 사치품에 속했으나, 전쟁이 끝난 뒤에는 생산 비용이 줄어들면서 대중들이 즐겨 마시는 음료로 발전했다. 또한 일본 라거가 안정적인 품질로 해외에서도 차츰 인기를 끌기 시작했다. 그 후 1994년에 주세법이 개정되자 일본 각지에 소규모 브루어리가 생겨났고, 미국에서 시작된 크래프트 비어 열풍이 일본으로 넘어오면서 일본 국내에서 다양한 맥주가 생산되기 시작했다. 앞으로도 끊임없이 발전해 나갈 일본 맥주의 밝은 미래가 기대된다.

일본주

오늘날 일본에서는 일본주 양조장에서 만드는 크래프트 비어가 전체의 4분의 1 정도를 차지하고 있다. 1994년에 주세법이 개정되면서 소규모 맥주 양조가 가능해지자 여러 일본주 양조장이 맥주 생산에 뛰어든 것이다. 일본주에 들어가는 효모나 쌀을 이용하거나 일본주를 담는 나무통을

사용하는 등 맥주에 일본주를 접목하려는 다양한 시도가 이루어지고 있다. 이러한 일본주 양조장의 도전은 지역 활성화와 전통 유지에 도움이 될 뿐만 아니라, 일본의 독자적인 맥주 문화가 요구되는 상황에서 일본 맥주의 정체성을 이루는 하나의 요소가 될 것이다.

STYLE

임피리얼 스타우트(imperial stout)

임피리얼 러시안 스타우트(imperial russian stout)라고도 한다. 19세기에 영국에서 러시아에 수출하기 위해 생산한 맥주로, 러시아 황제 차르의 취향을 고려해 만들었다. 그래서인지 알코올 도수도 9% 정도로 높은 편이며, 맥아의 풍미도 진하다.

STYLE

임피리얼 아이피에이(imperial IPA)

영국의 인디아 페일 에일을 바탕으로 최근 미국에서 생산하고 있는 새로운 스타일이다. 기존의 IPA보다 홉의 향을 더욱 강조한 에일로, 붉은빛이 섞인 밝은 갈색을

그만 넣으라고
할 정도로 홉을
아낌없이 넣자

띤다. 홉의 쓴맛과 풍미를 유독 좋아하는 사람을 영어로 '홉헤드(≫P.217)'라고 하
는데, 임피리얼 아이피에이는 이러한 홉 헤드의 취향을 저격한 스타일이라 할 수
있다. 알코올 도수도 7.5~10% 정도로 높은 편으로, 꽤 강한 술이다. 최근에는 하
면발효 버전인 인디아 페일 라거(india pale lager, IPL) 같은 스타일도 나왔다.

잉링(D.G. Yuengling & Son)

미국 펜실베이니아주에 본사를 둔 'D.G. 잉링 앤 선'은 1829년에
설립된 곳으로, 현재 운영 중인 미국의 양조장 가운데 가장 오래된
곳이다. 독일에서 펜실페이니아주의 포츠빌이라는 작은 탄광촌으
로 건너 온 D.G. 잉링이 광부들이 마시기 좋은 가벼운 라거 위주
의 맥주를 만든 것에서 시작했다. 미국 전역에 금주법이 시행되
자 그 이듬해에 알코올 도수가 0.5%인 니어 비어로 품목을 전
환하고 유제품 산업에도 뛰어들어 힘든 상황을 버텼다. 1933년
에 금주법이 폐지됐을 때는 백악관에 트럭 한 대 분량의 맥주
를 보내 감사의 뜻을 표했다고 한다. 미국에서 최고 수준의 인
기를 자랑하는 이곳의 대표 상품은 '트래디셔널 라거(Traditional
Lager)'라고 하는 앰버 라거다. 캐러멜 몰트를 사용하여 적당한
단맛이 특징이다. 마이크로 브루어리가 꾸준히 증가하고 있는
지금도 이곳은 200년에 가까운 역사를 지키면서 새로운 도전을
거듭하고 있다.

호스포다(hospoda)에서 배우다

글 : Juka

"추가 시험을 치고 싶은 사람은 호스포다로 오도록."

이는 동유럽의 경제정책 수업을 담당한 교수님의 말이었다. 체코에는 수많은 호스포다가 있다. 호스포다는 영어에서 말하는 '펍(pub)'으로, 주로 맥주를 마시며 간단한 식사도 할 수 있는 곳이다. 나는 교수님이 좋아하는 감브리누스(Gambrinus) 맥주를 큰 잔에 담아 마시면서 체코 맥주가 얼마나 맛있는지 설명해가며 정말 힘들게 학점을 땄다.

나는 맥주 대국 체코에 오기 전까지 맥주를 전혀 마시지 못하는 사람이었다. 체코인들은 맥주를 정말 사랑한다. 아니, 맥주는 이미 체코인들에게 생활의 일부이며, 물보다 싸게 살 수 있는 음료였다. 어느 날 아침 등굣길에 선글라스를 낀 할머니가 프라하에서 유명한 어느 카페 테라스에 앉아 아침 식사와 함께 부드바(Budvar) 맥주를 마시는 모습을 본 적이 있다. 그래, 혼자 우아하게 맥주를 즐기는데 시간이 뭐 그리 중요하겠는가.

호스포다는 가게에서 취급하는 맥주가 적힌 간판을 바깥에 세워둔다. 그러면 사람들은 그 간판을 보고 자신이 마시고 싶은 맥주를 파는 곳인지 판단한다. 참고로 호스포다 중에는 오직 한 가지 브랜드만을 취급하는 곳이 많다.

좋아하는 맥주의 브랜드나 종류로 그 사람의 개성을 판단하는 경우도 있어 "남자라면 필스너 우르켈이지", "아니야, 코젤이지"라는 대화를 들은 적도 있다. 또 체코에서 맥주를 주문하면 "Malé? Velké?(작은 것? 큰 것?)" 그리고 "Světlé? Tmavé?(라이트? 다크?)"라는 두 가지 질문이 돌아온다. 대부분의 사람은 큰 사이즈(velké)의 라이트(světlé) 맥주를 주문한다. 이러한 주문 방법 하나만으로도 "아직은 좀 익숙하지 않지?"라는 말을 듣기도 하고 어떨 때는 "오, 제법인데"라는 말을 듣기도 했다. 체코에 가면 꼭 대낮에 커피가 아닌 맥주를 마시면서 현지인들과 대화를 나눠보기 바란다.

Juka

체코 맥주를 각별히 사랑하는 여성. 대학교 3학년 때 교환학생으로 1년간 체코 프라하에 머무르며 맥주에 눈을 떴다. 맥주 양조장 투어에서 과음을 한 탓에 비행기를 타지 못한 경험이 있다. 지금은 도쿄의 IT 기업에 근무 중이다.

자연 발효 맥주

자연에 존재하는 야생 효모(≫P.156)를 사용
해 만드는 맥주를 자연 발효 맥주라고 한다.
벨기에 맥주인 랑비크(≫P.79)가 대표적이
다. 자연 발효 맥주는 대부분 박테리아를 사
용하기 때문에 산미가 있으며 향도 조금 독
특하다. 환경이나 효모의 상태에 따라 결과
가 달라지므로 통제가 어렵고 결과를 예측
할 수 없어 많은 양을 생산하지는 않는다.

전분

포도당으로 이루어진 다당류. 보리의 전분을 당화, 발효시키면 알코올과 탄산(이산
화탄소)이 발생해 맥주가 만들어진다.

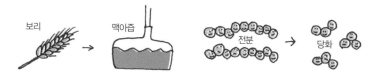

정화제

맥주는 단백질이나 효모 때문에 불투명하고 탁한 빛깔을 띠는 경우가 있는데, 이
러한 물질을 제거한 맑고 투명한 맥주를 만들 때 사용되는 것이 바로 정화제다. 정
화제로는 부레풀(≫P.117)이나 아이리시 모스(≫P.148), 젤라틴 등이 사용된다.

제3의 맥주

맥주나 발포주와는 다른 방법으로 만든 맥주맛 음료로, '발포주'보다도 더 저렴
한 가격으로 제공하기 위해 개발했다. 맥아를 원료로 사용하지 않는 음료 그리고
발포주와 리커를 섞어 만드는 음료로 나뉘는데, 후자를 '제4의 맥주'라 부르기도
한다.

조지 워싱턴(George Washington, 1732~1799)

조지 워싱턴은 미국 초대 대통령이다. 그는 맥주를 무척이나 좋아했던 것으로 알려져 있는데, 선거 전 캠페인 중에는 투표자에게 와인이나 사이다, 맥주를 대접했다는 유명한 이야기가 있다. 대통령 재임 시절에도 종종 은잔에 맥주를 따라 식사 중에 마셨다고 한다. 고향인 버지니아에 위치한 저택 마운트버넌에도 농장과 증류소 뿐만 아니라 맥주 양조장까지 두었다고 한다. 위대한 업적을 이룬 뒤, 아름다운 고향에 돌아와 마신 맥주의 맛은 정말 환상적이었을 것이다.

주세법(酒稅法)

일본에서는 알코올 도수가 1% 이상인 음료를 '주류'로 분류하고 있으며, 이를 단속하는 법률이 '주세법'이다. 일본 크래프트 비어의 역사는 1994년에 주세법 일부가 개정되면서 시작됐다. 예전에는 맥주의 제조 면허를 취득하려면 연간 최소 2000kℓ를 생산해야 했지만, 법이 개정되면서 기준이 60kℓ까지 대폭 내려갔다. 그 결과 맥주의 소량 생산이 가능해져 지역 밀착형 브루어리가 일본 각지에 생겨나게 됐다. 일본에서는 맥주 관련 음료는 '맥주'와 '발포주(≫P.110)', '제3의 맥주(≫P.179)'로 분류하고 있으며, 저마다 부과되는 세율이 다르다.

중국

중국 전체의 맥주 연간 소비량은 2003년부터 12년 연속 세계 1위를 차지하고 있다. 사실 오랜 역사를 지닌 중국에서는 고대부터 쌀과 벌꿀, 포도, 산사나무 열매를 이용해 독자적인 맥주를 만들어왔다. 하지만 황주(黃酒, 누룩과 차조, 찰수수 등을 원료로 하여 만든 담갈색 또는 흑갈색의 중국 술)를 만들기 시작하면서 이러한 쌀 맥주는 점차 쇠퇴해갔다. 그 후 다시 중국에서 맥주를 만들게 된 것은 1900년에 러시아인이 하얼빈에 중국 최초로 양조장을 설립하면서부터다. 이 하얼빈 맥주는 중국에서 가장 오래된 브루어리로, 지금도 여전히 운영되고 있다. 또 만주국 시대에 일본인이 만주 맥주를 설립하기도 했다. 이것이 훗날 중국 최대 맥주 브랜드인 쉐화(雪花) 맥주가 됐다. 현재 중국의 대형 맥주 회사로는 쉐화 맥주 외에도 독일인이 설립한 칭다오

(青島) 맥주를 들 수 있지만, 최근 들어
서양에서 온 이민자들이 많이 사는 도
심 등을 중심으로 크래프트 비어가 차
츰 성장하고 있다. 산초나 고추, 재스민
차 등을 이용한 맥주 등 이제 막 꽃을
피우기 시작한 중국의 독자적인 맥주
문화를 지켜보자.

중국에서는
맥주를 봉지에
담아 파는 모습을
볼 수 있다.
빨대를 꽂아
그대로 마신다

지게미

맥주 제조 공정에서 맥아즙의 당화가 끝나면 여과 공정을
거치면서 맥아즙이 고체의 잔여물과 액체로 분리되는데,

괜찮은데!

이때 남은 잔여
물인 '지게미'를
몰트 피드(malt feed)라고 한다.
몰트 피드는 탈수와 가공을 거쳐 가축의
사료나 비료로 팔린다.

맥아즙을 만들고
남은 지게미

BREWERY

지비에츠(Zywiec)

지비에츠 브루어리는 1856년, 당시 오스트리아-헝가리 제국의 일부였
던 폴란드의 지비에츠에 세워진 양조장이다. 이곳의 대표 상품은 폴란
드산 홉과 맥아에 양질의 계곡물을 넣어 만든 가벼운 라거 맥주다. 2차
세계대전 후에 국유화됐으며, 1990년에는 하이네켄 인터내셔널에 인수
됐다. 이제는 폴란드 맥주의 상징이 됐을 만큼 폴란드인들이 자랑스럽
게 생각하는 맥주다.

ⓘ www.zywiecusa.com

지역 맥주

1994년에 일본 주세법이 개정되면서 맥주의 소규모 양조가 가능해졌다. 주세법
개정은 '지역 맥주'와 그 후에 일어난 '크래프트 비어 열풍'의 계기가 됐고, 일본 맥
주 역사를 크게 뒤흔들었다. 주세법 개정이 시행됐을 당시, 일본에서는 지역 활성
화 방안 가운데 하나로, 지역 농산물을 이용해 맥주를 만들어 특산품으로 판매하

ㅈ

'지역 맥주'와 '크래프트 비어'는 같은 의미일까?

려는 업체가 많이 생겨났다. 이러한 움직임이 '지역 맥주'라는 새로운 시도로 일본 전역에 퍼져 나갔고, 그 결과 양조장의 수가 단숨에 300곳을 넘어섰다.

하지만 이 당시에 생산된 맥주 중에는 물론 양질의 맥주를 생산하는 업체도 있기는 했지만, '지역 특산품'이라는 점을 이용해 품질이 떨어지는 맥주를 생산하는 업체도 많았다. 게다가 특정 지역의 농산물을 이용해 소량 생산한 맥주는 가격도 비쌀 수밖에 없었다. 100년이 넘는 역사를 자랑하는 대형 맥주 회사에서 생산한 저렴한 가격의 라거와 경쟁하기란 쉽지 않았다. 결국 급증했던 소규모 맥주 양조장은 하나둘씩 문을 닫고 말았다. 이대로는 위험하다는 생각이 들 때쯤, 미국에서 독창적인 맥주를 만들려는 크래프트 비어 열풍이 일어났고, 이러한 움직임이 바다 건너 일본까지 건너오기 시작했다.

그리하여 2010년을 기점으로 일본에서는 제2의 '지역 맥주 열풍'이 일어났다. 이러한 변화는 맥주 업계의 확장과 발전을 위해 노력하는 브루어들의 '기술(craft)'과 장인으로서의 긍지 등이 널리 확산되어 일어난 결과였다. 브루어들은 과거에 '지역 맥주'가 지닌 이미지와 차별화를 하기 위해 '크래프트'라는 표현을 적극적으로 사용했다. 물론 각 브루어리의 개성을 살린 크래프트 비어 역시 '지역'이라는 요소가 매우 중요하게 작용한다. 지역 소비자들에게 먼저 선을 보여야만 전국적으로 진출할 발판을 마련할 수 있기 때문에 그런 점에서도 브루어리에게 해당 지역은 매우 중요하다. 즉, '크래프트 비어'는 '지역 맥주'를 부정하는 말이 아니며, 그 두 가지가 서로 완전히 다르다고 단언할 수도 없다. '크래프트 비어'와 '지역 맥주'는 물론 다른 표현이기는 하지만 모두 지역성과 독창성을 중시한다는 점에서 그 본질은 같다고 말할 수 있다.

지하수

지표보다 낮은 곳에 존재하는 물의 총칭. 깊은 곳에 흐르는 물일수록 맑고 물맛도 좋다고 알려져 있다. 맥주 스타일에 따라 필요한 물의 종류도 달라지므로 맥주를 만들기에 적합하지 않은 지하수도 있지만, 맥주의 스타일과 잘 맞을 경우에는 맛있는 맥주가 만들어진다.(≫P.100 '물')

진 광풍(gin craze)

18세기에 영국, 그중에서도 런던을 덮친 비극적인 사건이다. 증류주는 원래 귀족이 즐기는 값비싼 수입품이었으나, 18세기에 들어서 밀이나 감자로 만든 값싼 증류주인 진이 대량 공급되자 이를 과잉 섭취하는 시민들이 급격히 늘어났다. 이처럼 진이 유행처럼 번져 나간 것을 '진 광풍'이라 한다. 특히 일반 시민이나 빈민 사이에서 진 소비가 폭발적으로 증가하자 범죄와 실업자가 급증했고, 거리의 질서가 무너졌다. 이 사태를 해결하기 위해 영국 정부는 진에 부과되는 세금을 대폭 올리고, 진보다 비교적 '건강에 좋은' 맥주를 마실 것을 장려했다.(≫P.88~89 '맥주 거리와 진 골목')

진저비어 · 진저에일(ginger beer · ginger ale)

생강으로 풍미를 더한 탄산음료다. '진저비어'는 영어로 '골든 스타일'이라 불리는데, 조금 탁한 빛을 띠며 생강의 매운맛이 강하다. 반면 '진저에일'은 '페일 스타일'이라 불리며, 투명하고 맛도 순하다. 럼 베이스의 칵테일 '다크 앤드 스토미(dark and stormy)' 등 여러 칵테일에 많이 쓰인다. 오늘날에는 진저비어와 진저에일 모두 무알코올 음료로 알려져 있지만, 원래는 물과 설탕, 생강 그리고 '진저비어 플랜트(ginger beer plant)'라고 하는 효모와 균의 집합체를 섞어 발효시킨 알코올음료였다. 지금도 알코올이 들어간 '진저비어'가 가끔 생산되고 있다.

톡 쏘는 매운 맛이 매력적이야

집섬(gypsum)

연수를 경수로 바꿀 때 사용하는 석고를 말한다.

처치 키(church key)

영어로 '교회 열쇠'라는 뜻으로, 원래 왕
관 모양의 병뚜껑을 딸 때 사용하는 병따
개를 의미했으나, 캔 맥주가 등장한 후에
는 캔의 윗면에 구멍을 뚫을 때 사용하는
끝이 뾰족한 도구를 가리키게 됐다. 지금
은 병따개와 캔따개를 모두 뜻하게 됐으

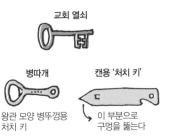

교회 열쇠

병따개   캔용 '처치 키'

왕관 모양 병뚜껑용   이 부분으로
처치 키   구멍을 뚫는다

나, 이제는 캔 손잡이(≫P.192)가 발명되
어 캔 맥주를 마실 때는 다른 도구를 사용할 필요가 없어졌다.

철도

메이지 시대에 새로 건설된 철도는 일본
전역에 맥주를 널리 퍼뜨리는 역할을 했
다. 기차역에는 맥주 브랜드의 대형 포스
터가 걸렸고, 기차의 식당칸에서도 맥주

맥주를 운반하는 중이에요

를 제공했다. 또한 철도 덕분에 맥주의 운송이 편리해지면서 지방의 술집에서도
맥주를 취급하게 됐다.

체코(Czech Republic)

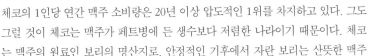

체코의 1인당 연간 맥주 소비량은 20년 이상 압도적인 1위를 차지하고 있다. 그도
그럴 것이 체코는 맥주가 페트병에 든 생수보다 저렴한 나라이기 때문이다. 체코
는 맥주의 원료인 보리의 명산지로, 안정적인 기후에서 자란 보리는 산뜻한 맥주
의 원료가 된다. 또한 홉의 산지로도 유명해 전 세계적
으로 희소가치가 높은 사즈홉(Saaz hop)도 체코에서 생
산되고 있다. 체코는 천 년이 넘는 맥주 양조의 역사를
지니고 있는데, 1842년
에 필스너가 탄생한 이
후로는 필스너 타입의
라거가 주로 생산되고
있다(≫P.207 '필스너',
'필스너 우르켈').

초콜릿 맥주(chocolate beer)

'초콜릿 스타우트(≫P.137 '스타우트')'라고도 불린다. 고온에서 건조해
향이 풍부한 맥아를 사용한 맥주로, 다크 초콜릿의 풍미를 지녔다.
그중에는 진짜 카카오를 사용하는 경우도 있다.

축제(festival)

맥주 축제는 옥토버페스트만 있는 것이
아니다! 봄부터 가을에 걸쳐 크래프트
비어를 즐길 수 있는 다양한 맥주 축제
가 일본 각지에서 열리고 있다. 한국에
서도 여름이면 전국 각지에서 맥주 축제가 열린다. 곳곳에서 현지 요리와 함께 맛
있는 맥주를 맛보자.

치즈(cheese)

치즈와 크래커를 함께 먹으면 당연히 맛있다. 그런데 생각해보면 맥주와 크래커는
재료가 꽤 비슷하다. 그러니 당연히 치즈와 맥주도 잘 어울리지 않을까.

고다 치즈처럼 다양한 풍미를 지닌 숙성 하드 치즈
×
앰버 에일

블루치즈
×
IPA나 스타우트

OR

페타 치즈나 산양유 치즈 같은 생치즈
×
밀맥주

ㅊ

치차(chicha)

남미 안데스 지방에서 기원전 2000년부터 마셔온 음료다. 지역에 따라 종류도 다양하여 알코올이 들어 있는 것과 들어 있지 않은 것이 있으며, 주로 옥수수 등의 곡물과 과일을 발효한 것이다. 잉카 제국에서도 의식이나 연회에 사용했다고 한다.

칠 헤이즈(chill haze)

특히 몰트만 사용한 맥주나 무여과 맥주를 너무 차갑게 두었을 때, 맥주가 탁해지는 현상이다. 한랭 혼탁이라고도 한다. 온도가 내려가면 맥주에 용화되어 있던 맥아의 타닌과 단백질이 맥주에서 분리되어 떠다니기 때문

에 발생하는 현상으로 온도가 올라가면 다시 사라지거나 바닥에 가라앉아 맥주가 맑아지지만, 보기에 그리 바람직한 현상은 아니다.

카사바(cassava)

매니옥(manioc) 또는 유카(yuka)로도 알려져 있는 열대작물로, 열대지방에서는 덩이줄기를 주식으로 먹고 있다. 특히 아프리카에 널리 재배되는 작물로, 예부터 술을 만드는 데 사용되어왔다. 카사바를 사용한 맥주는 아직 많지 않은 편이지만, 보리 재배에 한계가 있는 지역

에서 매우 높은 잠재력을 지닌 원료로 주목받고 있다.

칵테일(cocktail)

적어도 한 종류 이상의 술을 포함한 두 종류 이상의 재료를 섞어 만드는 음료. 술을 다른 것과 섞어 마시는 관습은 예부터 존재했지만, 칵테일이라는 말은 최근 수백 년 사이에 등장한 비교적 새로운 표현이다. 칵테일의 어원은 확실하지 않지만, 미

국에서 생겨난 것으로 알려져 있다. 미국 금주법 시대에는 품질이 좋지 않은 술을 좀 더 맛있게 마실 수 있는 칵테일 문화가 크게 발전했다. 이번에 소개하는 칵테일들은 모두 맥주를 이용한 칵테일이다. 맥주를 좀 더 색다르게 즐기는 방법을 알아보자.

블랙 벨벳

Black Velvet

재료
샴페인이나 프로세코…90㎖
스타우트…90㎖
만드는 방법
샴페인과 스타우트를 샴페인 글라스에 순서대로 따른다.

행맨스 블러드

Hangman's Blood

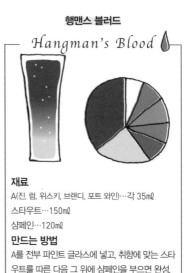

재료
A(진, 럼, 위스키, 브랜디, 포트 와인)…각 35㎖
스타우트…150㎖
샴페인…120㎖
만드는 방법
A를 전부 파인트 글라스에 넣고, 취향에 맞는 스타우트를 따른 다음 그 위에 샴페인을 부으면 완성.

도그스 노즈

Dog's Nose

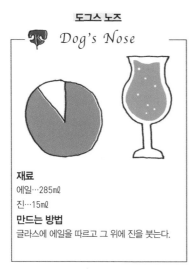

재료
에일…285㎖
진…15㎖
만드는 방법
글라스에 에일을 따르고 그 위에 진을 붓는다.

레드 아이

Red Eye

재료
토마토 주스…150㎖
맥주…150㎖   타바스코…몇 방울
만드는 방법
글라스에 토마토 주스를 따르고 그 위에 맥주를 부음 다음, 취향에 따라 타바스코를 몇 방울 뿌린다.

ㅋ

디젤 / 스네이크바이트 앤드 블랙

Diesel / Snakebite and Black

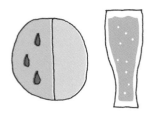

재료
맥주…150㎖
시드르(사과주)…150㎖
블랙커런트 코디얼…소량
만드는 방법
맥주를 글라스에 따르고, 블랙커런트 코디얼을
살짝 뿌린 다음 마지막으로 시드르를 붓는다.

샌디개프

Shandygaff

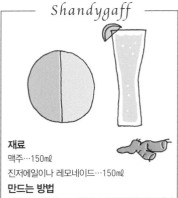

재료
맥주…150㎖
진저에일이나 레모네이드…150㎖
만드는 방법
맥주를 따른 후, 그 위에 진저에일이나 레모네이
드를 붓는다.

아이리시 카 밤

Irish Car Bomb

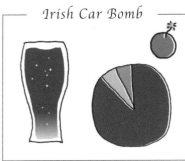

재료
기네스 스타우트…270㎖
베일리스 아이리시 크림, 위스키…각 15㎖
만드는 방법
베일리스 아이리시 크림과 위스키를 순서대로
샷 글라스에 따르고, 기네스 스타우트를 비어 글
라스에 따른다. 샷 글라스를 비어 글라스 안에
빠뜨린 후 단숨에 마신다! 오래 놓아두면 크림이
굳어버린다.

BREWERY

칼스버그(Carlsberg)

1847년에 창립한 덴마크의 대표적인
맥주 브랜드다. 창립자인 야콥 크리스
티안 야콥센(Jacob Christian Jacobsen)
이 뮌헨에서 하면발효효모를 가져와 코
펜하겐 인근 언덕에 세운 양조장에서

북유럽에서 처음으로 라거 맥주를 만들기 시작했다. 부드럽고 단맛이 적은 라거는 덴마크 왕실에 납품됐다. 참고로 예술품 수집가이기도 했던 야콥센의 영향으로 30헥타르가 넘는 칼스버그 부지에는 아름다운 건축물과 근사한 정원 두 곳이 자리하고 있다. 2008년에 양조장은 다른 곳으로 이전하고, 지금의 부지는 코펜하겐의 새로운 구역으로 다시 태어나는 중이다.

ⓘ www.carlsberg.com

캐나다(Canada)

냉장고가 없던 시절을 생각하면 캐나다는 맥주를 만들기에 가장 이상적인 기후를 지닌 나라였지만, 캐나다의 맥주 역사는 미국과 마찬가지로 17세기에 유럽 이민자들이 건너간 후에 시작됐다. 근대화가 되면서 맥주가 상업적으로 만들어지게 됐으나, 20세기 초반에는 금주법이 제정됐다. 금주법이 시행된 기간은 1918~1920년으로 비교적 짧은 편이었지만, 맥주 업체는 큰 타격을 입었고 대형 맥주 회사 몇 곳만을 남긴 채 맥주 산업은 쇠퇴해버렸다. 그 후 1980년대에 들어와 마이크로 브루어리가 하나 둘씩 생겨나기 전까지 캐나다에서는 대형 맥주 회사에서 생산한 라거가 주로 소비됐다. 지금은 다른 나라와 마찬가지로, 크래프트 비어가 서서히 보급되고 있다. 캐나다의 독자적인 맥주로는 독일의 '아이스보크(≫P.149)'를 참고해 개발한 '아이스 비어(≫P.149)'나 미국에서 생긴 '크림 에일(≫P.195)'을 캐나다 스타일에 맞게 바꾼 맥주 등을 들 수 있다.

ㅋ

캐리 네이션(Carrie Nation, 1846~1911)

20세기 초 미국 금주법 시대에 미국에서 금주 운동을 벌인 여성 운동가. 그녀는 어느 날 '신의 계시'를 듣고 술집을 때려 부수기 시작했다. 처음에는 돌을 신문지에 싸서 던졌지만, 나중에는 술집까지 쳐들어가 기도문을 외우며 도끼를 휘둘렀다. 키 180㎝에 체중이 80kg이나 나갈 만큼 체격이 건장했던 캐리 네이션은 술집 주인들에게 악몽 같은 존재였다. 참고로 작곡가 더글러스 무어(Douglas

Moore)는 시대가 바뀌어도 여전히 많은 사람에게 전해지고 있는 그녀의 삶을 〈캐리 네이션〉이라는 오페라로 만들기도 했다.

캐릭터 ①(character)

'성격'이라는 뜻의 영어에서 온 말로, 맥주의 특징을 표현할 때 사용하는 표현이다. 맥주에 대해 이야기할 때 보통 향이나 풍미, 마우스필(≫P.83), 알코올 도수, 쓴맛, 색상 등을 따진다.

캐릭터 ②(characters)

세상에는 맥주를 좋아하는 수많은 만화 캐릭터들이 존재한다. 이번에는 늘 맥주를 즐기는 사랑스러운 아버지들을 만나보자.

사쿠라 히로시/〈마루코는 아홉살〉
마루코네 집에는 맥주를 너무나도 사랑하는 아버지가 있다. 맥주와 야구만 있으면 매우 행복해보이는 아버지.
©さくらプロダクション

신영식/〈짱구는 못말려〉
무서운 짱구 엄마 봉미선 씨도 매일 저녁 남편을 위해 맥주를 준비한다. 하루 일을 마치고 집에 돌아와 마시는 맥주 한잔은 그야말로 꿀맛이다!
©臼井儀人 / 双葉社

유명한/〈명탐정 코난〉
캔 맥주와 미녀를 사랑하는 유명한 탐정. 이런 장면이 나오면 왠지 조금 안심이 된다.
©青山剛昌 / 小学館

ㅋ

캐스크(cask)

맥주, 와인, 위스키, 럼 등 술을 저장하는 나무통을 말한다. 바빌로니아 시대에는 야자나무나 점토로 만들었으며, 중세 유럽에서는 목재를 철로 만든 고리로 고정시킨 것을 사용했다. 캐스크는 관리가 어렵고 특히 위생 문제가 발생할 가능성이 높아 요즘은 주로 금속 탱크를 사용하지만, 일부러 목제 캐스크의 특성을 활용해 맥주를 만드는 양조장도 있다.

캐스크 컨디션(cask conditioned)

주로 영국의 펍에서 제공하는 캐스크 맥주(맥주를 캐스크에서 2차 발효하여 숙성시키는 맥주)의 숙성 방법을 말한다. 요즘은 브루어리에서 이러한 캐스크 숙성을 실시해 다양한 풍미를 더한 맥주도 판매되고 있다.

캔(can)

식품을 양철 캔에 저장하는 기술은 19세기 초에 등장했지만, 음료 캔은 그로부터 한참 뒤인 1930년대 초반에 미국에서 개발됐다. 세계 최초의 캔 맥주는 1935년에 뉴저지주에서 탄생했다. 초기에는 왕관 모양의 마개가 달린 콘 탑(cone top) 캔이 사용됐으나, 그 후 편의성 때문에 지금처럼 윗부분이 평평한 통 형태의 캔이 일반화됐다. 일본에서는 1958년에 처음으로 캔 맥주가 등장했다. 처음에는 개봉이 불편하고 캔 특유의 냄새가 나는 등 품질 유지에 어려움이 많아 보급되는 데 시간이 걸렸다. 초기에는 캔을 열 때 캔따개나 '처치 키(≫P.184)'라고 하는 오프너를 사용했으나, 나중에는 캔 손잡이(≫P.192)가 개발되어 손으로 캔을 딸 수 있게 됐다. 요즘에는 알루미늄 사용을 줄이기 위해 캔의 모양을 개량하는 등 진화를 거듭하고 있다.

ㅋ

캔 손잡이(tap)

음료수 캔 윗부분에 달려 있는 캔 손잡이. 캔을 열 때 다른 도구가 필요하지 않아 이지 오픈 엔드(easy open end, EOE) 또는 스테이 온 탭(stay-on-tab)이라고 부른다. 음료수 캔이 발명됐을 당시, 윗부분이 평평한 플랫 톱 캔(flat top can)은 윗부분의 양쪽 끝에 도구로 구멍을 뚫어야만 했다. 번거로울 뿐만 아니라, 별도의 도구가 없으면 열 수 없어 불편했다. 이러한 단점을 개선해 버튼식이나 풀 탭(pull-tab) 캔이 등장했지만, 1970년대에 지금 우리가 사용하는 EOE가 개발되어 빠른 속도로 침투했다. 지금은 음료수 캔 대부분이 EOE 방식을 사용하지만 가끔은 옛날처럼 풀 탭 캔이나 플랫 톱 캔을 즐기는 것도 나쁘지 않을 것 같다.

케그(keg)

맥주를 저장·수송할 때 또는 맥주를 덜어 담을 목적으로 사용하는 원통형 용기다. 주로 스테인리스로 만들며 간혹 알루미늄으로 만들 때도 있다. 상단에 입구가 있으며 입구 위로 스피어(spear)라는 가는 관이 나와 있다. 이 관을 통해 질소와 이산화탄소를 주입해 이때 발생한 압력으로 맥주를 빨아올린다.
최근에는 사용한 후에 맥주 회사에 반환할 필요가 없는 일회용 플라스틱 케그도 등장했다. 일회용 플라스틱 케그는 기존의 케그와 달리 맥주가 가스와 전혀 접촉하지 않는 구조로 되어 있어 맥주가 쉽게 변질되지 않으며, 매우 가볍고 일회용이라 위생적이기까지 하여 큰 주목을 받고 있다.

BREWERY

코로나(Corona)

멕시코의 맥주 브랜드로, 연한 색을 띠는 라거다. 복고풍 디자인의 투명한 병 안에서 빛나는 상쾌한 황금빛 맥주가 더운 여름철에 목을 시원하게 적셔준다. 반달 모양으로 자른 라임을 병 입구에 끼워 마시기도 하는(한국에 수입된 초창기에는 라임보다는 레몬을 쉽게 구할 수 있어 레몬을 끼워 넣었다) 코로나는 사실 미국에서 가장 많이 팔리는 수입 맥주다. 원래는 멕시코의 노동자들을 대상으로 판매한 저렴한 맥주였지만 미국에서 멕시코 요리가 유행하면서 코로나의 디자인과 상쾌한 목넘김이 호평을 받기 시작했고, 코로나는 단숨에 세계적인 브랜드로 성장했다. 코로나가 워낙 인기가 많다 보니 멕시코의 다른 양조 회사들도 비슷한 스타일의 맥주를 만들어 대항하려 했지만, 코로나의 인기는 여전히 압도적이다.

ⓘ www.corona.com

STYLE

쾰슈(kölsch)

슈탕에를 운반할 때 사용하는 전용 케이스도 있다

200㎖

라인강이 흐르는 쾰른은 독일에서 네 번째로 큰 도시다. 쾰슈는 쾰른에서 탄생한 맥주로, 가벼우며 홉의 쌉쌀한 맛이 은은하게 퍼지는 에일로 밝은 황금색을 띤다. 현지에서는 쾰슈를 슈탕에(≫P.91~93 '맥주잔')라고 부르는 200㎖의 얇고 긴 유리잔에 따라 마신다. 유리잔이 작아서 몇 모금 마시면 금세 바닥을 보이지만, 따로 부르지 않아도 직원이 알아서 잔을 채워준다. 쾰슈는 쾰른의 명물로, 독일에서는 오직 쾰른에서 생산한 맥주만을 '쾰슈'로 인정한다. 일본에서는 '쾰슈'를 생산하는 브루어리에서 '알트비어(≫P.153)'도 만드는 경우가 꽤 있는데, 사실 알트비어는 쾰른과 견원지간인 뒤셀도르프에서 탄생한 맥주 스타일로, 두 도시 사람들은 상대 도시의 맥주를 절대 마시지 않는다고 한다. 그런 사정을 전혀 모르는 일본에서는 쾰슈와 알트비어가 한 선반에 사이좋게 놓여 있다.

쿡 선장(Captain James Cook, 1728~1779)

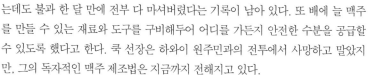

이런……
맥주가 바닥날 것 같은데

제임스 쿡 선장은 제국 시대 영국 해군의 선장이자 해도(海圖) 제작자, 탐험가였다. 해도를 제작하는 기술에 압도적으로 뛰어나고 리더십을 발휘한 카리스마 넘치는 인물이었다고 전해진다. 이런 쿡 선장은 어디에 가든 늘 맥주를 마셨다고 한다. 하와이에 갈 때는 배에 IPA(≫P.174)를 무려 4톤이나 싣고 갔는데도 불과 한 달 만에 전부 다 마셔버렸다는 기록이 남아 있다. 또 배에 늘 맥주를 만들 수 있는 재료와 도구를 구비해두어 어디를 가든지 안전한 수분을 공급할 수 있도록 했다고 한다. 쿡 선장은 하와이 원주민과의 전투에서 사망하고 말았지만, 그의 독자적인 맥주 제조법은 지금까지 전해지고 있다.

ㅋ

크래프트 비어(craft beer)

'크래프트'는 장인이 손으로 하는 작업 또는 그 기술을 가리킨다. 하지만 그렇다고 해서 크래프트 비어를 단지 '장인이 만드는 맥주' 정도로 이해하는 것은 충분하지 않다. 미국양조자협회(Brewers Association, BA)에서는 크래프트 비어를 '소규모'의 '독립된' 양조장에서 '전통적인 기법'으로 생산한

맥주로 정의하고 있다. 일본에는 아직 크래프트 비어의 명확한 정의가 정립되지 않았지만, 최근 들어 유럽의 전통 맥주를 바탕으로 한 맥주 양조 외에도 미국의 참신한 맥주를 참고하거나 맥주에 일본 고유의 특성과 재료를 활용하려는 다양한 움직임이 나타나고 있다. 이러한 분위기를 볼 때, '크래프트 비어'란 맥주의 가능성을 탐구하고 그 과정에서 전통과 기법을 되살려 더욱 개선해 나가는 '맥주의 혁신'이라 할 수 있다.(≫P.181 '지역 맥주')

STYLE
크리스마스 맥주(Christmas beer)

이름처럼 크리스마스용으로 나온 계절 한정 맥주다. 중세 수도원에서는 가장 품질이 좋은 맥주로 크리스마스를 축하했다고 한다. 시나몬와 정향, 육두구 등 크리스마스 요리에 흔히 쓰이는 향

신료나 과일이 들어가는 경우가 많다. 색이 어둡고 진하며, 대부분 알코올 도수도 높다. 간단히 말하면 예부터 많은 사람들이 크리스마스에 부려온 작은 호사 같은 맥주라 할 수 있다. 어른에게는 크리스마스에 산타클로스가 찾아오지 않지만, 그 대신 이런 즐거움을 누리는 것도 괜찮지 않을까.

크릭(kriek)

벨기에의 랑비크(≫P.79) 맥주를 변형한 것. 전통적인 크릭은 브뤼셀 지방에서 나는 모렐로 체리(morello cherry)를 사용한다. 랑비크를 2차 발효할 때 신맛이 강한 모렐로 체리를 넣어 체리의 풍미를 더한다.

크림 에일(cream ale)

미국식 라이트 라거 스타일을 참고해서 만든 에일이다. 상면발효맥주이지만, 하면발효효모나 라거 자체를 섞어서 만들 때도 있다. 밝은 색을 띠는 가벼운 맥주로, 알코올 도수는 4~5% 정도다. 일반적으로 부드러운 풍미를 지녔지만, 간혹 홉이나 맥아의 특징을 강하게 살려서 만드는 브루어리도 있다.

크바스(kvass)

호밀빵을 발효시켜 만드는 동유럽의 음료로, 사용하는 빵에 따라 색이 달라진다. 맥주와 마찬가지로 탄산이 들어 있기는 하지만, 알코올 도수가 보통 1.2%에도 못 미치기 때문에 러시아에서는 알코올음료로 취급하지 않는다. 딸기나 사과 같은 과일로 풍미를 더하거나 민트 같은 허브를 사용한 것도 있다.

킬로리터(kℓ, kiloliter)

킬로리터는 부피 단위로, 1킬로리터는 1000ℓ를 가리킨다. 과거 일본에서는 연간 최저 생산량이 2000kℓ 미만이면 맥주 제조 면허를 취득할 수 없었다. 그러다 1994년에 주세법이 개정되면서 기준이 60kℓ까지 내려갔고, 그 결과 소규모 양조장도 맥주 시장에 진출할 수 있게 됐다.

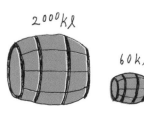

타닌(tannin)

폴리페놀의 화합물로, 식물에서 유래된 성분이다. 차나 와인 등에 많이 들어 있다. 맥주 원료인 맥아에도 함유되어 있어 잘만 조절하면 풍미를 더할 수 있지만, 조절에 실패하면 떫은맛을 내어 맥주의 맛을 떨어뜨린다.

STYLE

타펠 비어(tafel bier)

벨기에의 타펠 비어는 알코올 도수가 1.5%로, 거의 무알코올 맥주에 가깝다. 식사 중에 음료처럼 마시기 위한 맥주로, 큰 병에 담겨 판매된다. 1980년대까지는 학교 식당에서도 판매했으나, 소프트드링크와 생수를 마시는 사람이 늘어나자 인기가 하락했다. 인공감미료가 첨가된 탄산음료보다는 몸에 좋을 것 같은데⋯⋯.

탄산

맥주는 탄산 알코올음료다. 이는 발효 과정에서 당분이 알코올과 이산화탄소로 분해되기 때문이다. 즉, 맥주에는 원래 천연 탄산이 들어 있다는 뜻이지만, 오늘날에는 맥주의 용기나 스타일에 맞추어 인공적으로 탄산을 조절하고 있다.

태번(tavern)

인(≫P.173)과 마찬가지로 서양에서 여행자들에게 식사와 숙박을 제공하는 술집을 뜻한다. 로마시대에 도로의 건설과 함께 각지에 생겨났다. 과거에 영국에서는 와인을 제공하는 곳을 태번, 맥주와 에일을 제공하는 곳을 인으로 구분해서 말했으나, 지금은 펍이나 술집을 뜻한다.

탭(tap)

'탭'이란 케그나 배럴에서 맥주를 꺼내는 배출구를 말한다. 참고로 '탭 비어(tap beer)'는 일반적으로 생맥주를 가리킨다. 바나 레스토랑에서 탭의 개수는 생맥주의 가짓수를 뜻한다.

테카테(Tecate)

멕시코 바하칼리포르니아주 테카테시에서 탄생한 브랜드다. 지금은 하이네켄 그룹에 속해 있다. 풀 보디는 아니지만 깔끔하고 목넘김이 좋은 라거로, 미국 수입 맥주 판매 순위에서도 꾸준히 상위권에 들고 있다. 최근에는 라이트 비어도 생산 중이다. 사실 맥주에 라임을 넣어 먹는 멕시코의 관습은 바로 이 테카테에서 시작됐다. 스코틀랜드 출신인 초대 브루어가 낸 아이디어로, 전염병이 도는 선박에서 선원들에게 매일 라임을 한 개씩 나눠주던 스코틀랜드 관습에서 착안한 것이라고 한다.

ⓘ heinekenmexico.com

토머스 블레이크 글러버(Thomas Blake Glover, 1838~1911)

토머스 블레이크 글러버는 스코틀랜드 출신의 무역상으로, 일본의 산업 근대화에 크게 공헌한 인물이다. 막부 말기에는 무기를 취급했지만, 메이지 시대에 들어와 탄광 등과 관련된 최신 기술을 해외에서 들여와 일본의 산업혁명을 크게 가속화했다. 글러버의 업적 가운데 하나로 맥주 업계의 발전을 들 수 있다. 코플랜드(≫P.170)가 설립한 스프링 밸리 브루어리(≫P.140)가 도산하고 남은 부지에 기린 맥주의 전신인 재팬 브루어리 컴퍼니를 세우는 일에 관여했다. 일본 시장을 잘 파악하고 필요한 최신 기술을 들여오는 재주가 있었던 글러버는 기린 맥주뿐만 아니라 일본 맥주 업계 자체를 크게 발전시켰다.

트라피스트 맥주(Trappist beer)

맛이 정말
좋다니까요

수도원(≫P.134)에서 만든 맥주를 말한다. 현재 트라피스트 맥주를 생산하는 양조장은 벨기에를 중심으로 전 세계에 총 열한 곳이 있다. 수도원에서는 중세 시대부터 맥주를 만들기 시작했는데, 그 후 양조 기술과 관련 지식을 더욱 발전시켜 신성한 맥주의 가치를 더욱 높였다. 수도사들에게 맥주는 영양 공급원이자, '자급자족'을 원칙으로 하는 수도원의 운영비용을 마련하는 매우 중요한 수단

이었다. 트라피스트 맥주는 전통적으로 맥아즙의 농도에 따라 세 등급으로 나뉘었다. 1등급 맥주는 첼리아(célia), 2등급 맥주는 체레비시아(cerevísia), 두 번째로 짜내어 가장 묽은 3등급 맥주는 콘벤투스(convéntus)라고 불렀다. '첼리아'는 의식이나 특별한 일이 있을 때 사용하고, '체레비시아'는 일상적으로 마셨으며, '콘벤투스'는 가난한 거지나 순례자에게 주는 용도로 썼다. 현대에는 트라피스트 맥주를 알코올 도수에 따라 싱글(single), 더블(double), 트리플(triple)로 나눈다. 수도원에서는 술을 마시는 것을 신성한 행위로 보았기 때문에 단식 기간 중에도 맥주를 마시는 것을 허용했다. 그 결과 식사를 대신할 수 있는 진하고 영양이 풍부한 맥주가 만들어졌다. 오늘날 생산되고 있는 트라피스트 맥주는 대부분 알코올 도수가 높고, 상면발효 후 병내 2차 발효를 거친다. 발효 후에 여과나 저온살균을 하지 않아 효모와 비타민·미네랄 같은 영양소뿐만 아니라 감칠맛까지 풍부하다. 일본에서도 백화점이나 주류 전문점에서 구입할 수 있으니 꼭 한번 마셔보기 바란다.

맥주가
센 편인데도 술술
넘어가니 큰일입니다!

트리펠(tripel)

20세기 중반, 벨기에의 베스트말러(Westmalle) 수도원에서 가장 센 맥주를 '트리펠'이라 이름 붙인 것에서 유래된 스타일이다. 세 등급으로 나뉘는 트라피스트 맥주 가운데 맥아즙 농도가 가장 높은, 센 맥주다. 전통적으로 밝은 황금색에서 밀짚색을 띠는 맥주로, 거품이 단단하며 맛과 향이 비교적 달콤한 편이다. 간혹 향신료를 사용하는 경우도 있다.

E

사상으로 마시는 크래프트 비어

글 : 시라이시 다쓰마

영국, 독일, 벨기에, 체코 등 맥주의 전통을 지닌 유럽, 세계에서 가장 많은 양조장을 보유한 미국, 1994년의 주세법 개정으로 지역 맥주 열풍이 일어난 지 벌써 20년이 지난 일본까지 전 세계는 지금 한창 '크래프트 비어' 열풍에 휩싸여 있다. 바야흐로 '대(大) 맥주 시대'이다.

라거 맥주는 일본뿐만 아니라 전 세계적으로도 가장 많이 소비되는 맥주다. 그런 상황에서 최근에 '크래프트 비어'를 통해 다양한 스타일의 맥주가 널리 알려지게 됐다. 그렇다면 과연 '크래프트 비어'란 무엇을 말하는 것일까?

미국양조자협회(BA)에서는 크래프트 비어를 소규모의 독립된 양조장에서 전통적인 기법으로 생산한 맥주로 정의하고 있는데, 일본은 일본 상황에 맞는 정의가 필요하다고 생각한다. 미국처럼 맥주의 스타일이나 규모를 기준으로 할 것이 아니라 양조자의 생각이나 정신에 맡겨야 하지 않을까. 이미 크래프트 비어는 양조자의 '사상'이라는 새로운 관점이 그 특징으로 자리 잡고 있기 때문이다. '그럼 그 사상이란 게 뭔데?', '맥주를 마시기만 해도 그런 생각이 전해져?'라는 질문이 쏟아지겠지만, 마셔도 잘 모를 때는 만든 사람에게 직접 물어보면 된다.(웃음)

최근에는 레스토랑을 갖춘 소규모 양조장이 급증하고 있다. 브루 펍이라 불리는 공간인데, 이곳은 맥주를 마시는 사람과 만드는 사람을 가장 가까운 거리에서 연결시켜주며 양조자의 '사상'이나 '스토리'에 따라 '크래프트 비어'를 선택할 수 있는 곳이다. 그리고 무엇보다 '크래프트 비어'를 즐기는 가장 쉽고 재미있는 방법이라 할 수 있다. 당신은 어떤 '생각'과 '스토리'를 마시겠는가. 스타일과 종류에 얽매이지 말고 양조자의 '사상'으로 크래프트 비어를 즐겨보자.

크래프트 비어는 지금 한시적인 유행에 그칠 것인지 아니면 문화로까지 승화될 것인지 운명의 갈림길에 서 있다. 한마디로 말하면 크래프트 비어는 '지금' 뜨겁게 달아오르고 있다!

시라이시 다쓰마(Tatsuma Shiraishi)
CRAFT BEER MAGAZINE TRANSPORTER 전(前) 편집장. 전 세계를 돌아다니며 3천 종이 넘는 맥주를 마시고 있는 애주가. 좋아하는 술은 일본주, 소주, 와인과 맛있는 맥주. 가훈은 '술에 잡아먹혀도 토하지 말라'다.

파란색 맥주

유리잔에 따르면 보석처럼 파란색을 띠는 맥주가 있다. 보기에도 시원한 이 맥주는 단숨에 들이켜기보다는 바닷가에 앉아 우아하게 즐겨야 할 것 같은 느낌이다. 꼭 한번 마셔보기 바란다.

ⓘ 아바시리 맥주: www.takahasi.co.jp/beer

류효 드래프트
→ 아바시리 맥주

파란색 샴페인 비어
'섬싱 블루(Something Blue)'
→ 이와테쿠라 맥주(≫P.172)

STYLE

파로(faro)

벨기에의 맥주 스타일. 람비크와 가벼운 맥주를 섞은 것으로, 알코올 도수를 낮추고 설탕을 첨가해 마시기 좋게 만들었다. 풍미를 더하기 위해 고수, 오렌지필, 후추 등을 넣을 때도 있다.

초콜릿과
잘 어울려요

파스퇴르(Louis Pasteur, 1822~1895)

Louis Pasteur

프랑스의 화학자이자 미생물학자. 맥주의 3대 발명(≫P.128) 가운데 하나인 '저온살균법(pasteurization)'을 개발한 것으로 유명하지만, 그밖에도 미생물이 일으키는 '발효'의 원리나 세균론(미생물이 전염병을 일으킨다는 이론)의 증명, 백신의 발명 등 위대한 업적을 남긴 인물이다.

파이프라인(pipeline)

파이프라인 하면 석유나 가스를 운반하기 위한 관을 떠올리겠지만, 독일에는 5㎞ 길이의 맥주용 파이프라인이 있다. 노르트라인베스트팔렌주에 있는 이 파이프라인은 주로 축구 경기장에 오는 관람객을 위해 설치된 것으로, 맥주 52000ℓ를 저장하며 1분당 맥주 14ℓ를 제공한다고 한다. 마치 〈찰리와 초콜릿 공장〉의 성인 버전인 듯한 이야기다.

파인트(pint)

= 473ml
= 568ml

pint glass

액체의 부피를 측정하는 단위다. 영국에서는 1파인트가 568㎖, 미국에서는 1파인트가 473㎖로 각각 다르다. 번거로우니 어느 한쪽으로 통일해주었으면 하는 게 솔직한 심정이지만, 이 또한 문화다. 파인트글라스(≫P.91~93 '맥주잔')는 1파인트 분량의 음료가 들어가는 유리잔으로, 맥주를 마실 때 쓴다. 용량을 한눈에 확인할 수 있도록 엄격한 규정에 맞추어 생산된다.

패리스 힐튼(Paris Hilton, 1981~)

그런 일이 있었나?

늘 화제에 오르는 인물인 패리스 힐튼은 세계 최대의 맥주 축제인 뮌헨 옥토버페스트에서도 유명한 일화를 남겼다. 사건이 발생한 것은 2006년. 옥토버페스트에 참석한 패리스 힐튼은 자신의 캔 맥주가 아닌, 캔 와인 브랜드의 프로모션 행사를 열었다. 이러한 그녀의 행동은 맥주에 대한 자부심이 남다른 바이에른 지방 사람들의 자존심에 큰 상처를 입혔고, 그 후 패리스 힐튼은 뮌헨 옥토버페스트에 영원히 참석할 수 없게 됐다는 이야기가 있다.

패스트푸드(fast food)

가끔 생각나는 패스트푸드. 소프트드링크와 함께 먹는 것도 좋지만, 맥주도 상당히 잘 어울린다. 최근 들어서는 맥주 같은 알코올음료를 판매하는 패스트푸드점이 전 세계적으로 늘어나고 있다. 맥주를 가볍게 한잔 즐기고 싶어하는 사람들이 늘어나고 있다는 점 때문이다.

ㅍ

STYLE

펌프킨 에일(pumpkin ale)

호박을 사용한 맥주로, 주로 미국에서 가을을 앞둔 시기에 만든다. 토막 낸 호박이나 구운 호박 또는 호박 퓌레를 넣거나 호박 향을 첨가하는 등 제조법이 다양하다. 이들 대부분에는 호박 파이에 주로 사용하는 육두구, 정향, 올스파이스, 시나몬 같은 향신료가 들어간다. 펌프킨 에일은 쓴 맛이 적고 맛이 진한 경우가 많다. 아무래 도 호박 향보다는 진짜 호박을 넣은 맥주 가 맛있지만, 그만큼 만드는 데 상당한 노 력과 시간이 필요하다고 한다.

펍(pub)

'퍼블릭 하우스(public house)'를 줄인 말이다. 퍼블릭(공공)이라는 말이 붙긴 하지만, 알코올음료 판매를 허가받은 개인 술집을 가리킨다. 영국 외에도 아 일랜드, 스코틀랜드, 뉴질랜드, 호주 등 에서 볼 수 있다. 펍은 어디까지나 맥 주와 와인, 증류주 같은 음료가 중심인 곳으

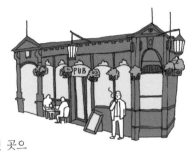

로, 음식으로는 주로 간단한 안주가 제공된다. 펍의 기원은 로마 시대에 생긴 태번 (≫P.196)으로 알려져 있지만, 영국인들에게 펍은 '영국의 심장'이라 불릴 만큼 친 숙한 곳이다.

페놀(phenol)

페놀은 약품 같은 냄새가 나는 유기 화합물이다. 정향 같은 향신료나 반 창고 냄새와 비슷하다는 말을 듣는 페놀 향은 맥주에서 오프 플레이버 (≫P.163)로 여기지만, 간혹 어떤 스 타일의 맥주에서는 이러한 향이 오 히려 맥주 맛에 포인트를 주는 경우 도 있다.

페어링(pairing)

연인들끼리 커플링을 맞추는 것이 아니라, 서로의 맛을 최대한 이끌어 낼 수 있도 록 음식과 음료를 조합하는 것 혹은 그 조합을 말한다.

페일 에일(pale ale)

17세기 영국에서 탄생한 에일 스타일. 맥아를 건조할 때 연기가 적게 발생하는 코크스(cokes)라는 연료를 사용해 맥아의 착색을 억제한 것이 페일 에일을 탄생시켰다. 페일 에일은 기존의 에일보다 밝은 색을 띠었기에 색이 옅다는 의미의 페일(pale)이 붙었으며, 홉의 쌉쌀한 풍미가 강조됐기에 비터(bitter)라고도 불리며 큰 인기를 끌었다. 페일 에일보다 홉의 풍미를 강조하고 알코올 도수를 높인 것이 '인디아 페일 에일(≫P.174)'이다.

펠즌켈러(felsenkeller)

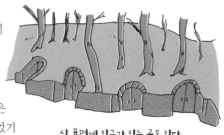

바위를 뚫어 만든 독일의 천연 지하 저장고를 말한다. 예부터 내부의 낮은 온도를 이용해 맥주 외에도 다양한 식량과 얼음을 저장했다. 저장고가 만들어진 곳은 주로 경치가 아름다운 지방이었기 때문에 자연히 그 위에 경치를 감상

산 표면에 입구가 있는 곳도 있다

하면서 신선한 맥주를 마실 수 있는 비어 가든이 세워졌다. 펠즌켈러는 여름에도 8~12℃ 정도, 깊이에 따라서는 2~3℃의 저온을 유지하는데, 그중에는 건물이 통째로 들어갈 만큼 거대한 곳도 있었다. 견학 신청을 받는 곳도 있으므로 독일을 방문할 기회가 생기면 꼭 한번 들러 비어 가든까지 함께 즐겨보자.

포터(porter)

맥주 한잔하러 가자고

18세기에 영국 런던에서 탄생한 검은색 에일 맥주다. 묵직한 풀 보디 맥주로, 육체노동 후 허기를 느낀 짐꾼(porter)들이 즐겨 마셨기에 포터라는 이름이 붙게 됐

다고 한다. 영국에서 아일랜드로 포터가 전해진 덕분에 기네스 사에서 스타우트를 개발하게 됐다.

푸린체(purine bodies)

요산 수치가 상승하면 통풍에 걸릴 확률이 높은데, 푸린체는 이러한 요산 수치를 높이는 요인으로 알려져 있다. 맥주는 이러한 푸린체가 특히 많이 들어 있어 주의해야 하는 음료로

많다 ← → 적다

알려져 있는데, 실제로는 어떨까. 사실 알코올 자체가 요산 수치를 높이는 최대 원인이지만, 맥주에 든 푸린체는 알코올음료 중에서 많은 편일뿐, 식품 전체를 놓고 보았을 때는 비교적 적은 편이다. 푸린체의 1일 섭취량 기준은 400mg으로 알려져 있는데, 맥주 한 캔에 들어 있는 푸린체의 양은 13~25mg에 불과하다. 그에 비해 말린 멸치나 가다랑어포, 치어 등에는 100g당 300mg이 넘는 푸린체가 들어 있다. 미식가들이 통풍에 더 잘 걸린다는 인식이 있는데, 어찌 보면 당연한 일이다. 푸린체가 감칠맛을 내는 성분 가운데 하나이기 때문이다. '맥주=통풍'이라는 공식에 너무 집착하지 말고, 전반적인 식생활을 검토해 바로잡는 것이 좋다.

풋콩

일본의 대표적인 술안주다. 대두를 이른 시기에 수확한 것으로, 가지째 수확하고 그대로 조리할 때도 있다. 맛도 좋고 먹기도 편할 뿐만 아니라 단백질과 비타민, 미네랄, 식이섬유가 풍부하고 알코올의 분해를 촉진하는 효과까지 있어 그야말로 완벽한 안주라 할 수 있다. 조리하기도 쉽고 흔히 볼 수 있는 풋콩은 오늘도 일식을 대표하는 애피타이저 메뉴로 전 세계에 뻗어 나가고 있다.

프라이드 비어(fried beer)

미국에서 맛볼 수 있는 색다른 요리 가운데 하나로 오레오 쿠키 튀김이나 초콜릿 바 튀김 같은 파격적인 튀김 요리를 들 수 있는데, 여기에 최근 텍사스에서 만든 맥주 튀김이 추가됐다. 소금으로 간을 한 튀김 반죽에 맥주를 넣고 가장자리를 잘 막은 다음, 190℃의 기름에 20초간 튀긴 것이다. 짭짤한 반죽과 따뜻한 맥주가 절묘하게 어우러진 맛을 느낄 수 있다고 한다.

프랑부아즈(framboise)

랑비크(≫P.79)에 라즈베리의 풍미를 더한 과일 맥주다. 벨기에의 전통 과일 맥주 크릭(≫P.195)을 모방한 것으로, 산미가 강한 크릭에 비해 단맛이 강하다. 원래 벨기에 맥주이지만, 전 세계적으로 인기를 끌고 있다.

프로즌 비어(frozen beer)

거품 부분이 얼어 있는 생맥주. 마치 디저트처럼 잔 위에 아름답게 올라온 거품의 모양과 사각거리는 식감을 즐길 수 있다. 얼어 있는 거품이 맥주의 뚜껑 역할을 하여 맥주의 신선함을 오래 유지해준다.

프리츠 메이택(Fritz Maytag, 1937~)

풀네임은 프레드릭 루이스 메이택 3세(Frederick Louis MaytagⅢ)다. 도산 직전이던 미국 샌프란시스코의 앵커 브루잉 컴퍼니를 되살려 미국 맥주 업계에 큰 변화를 이끌어 낸 인물이다. 라거가 큰 인기를 끌던 1965년에 명맥이 끊길 위험에 처해 있던 스팀 비어(≫P.139) 양조장 가운데 한 곳을 폐쇄 전날 사들여 운영을 재개했다. 미국 내에 개성 강한 맥주가 줄어들고 있는 상황에서 기존 스팀 비어의 맛을 그대로 고수하여 그 독특한 매력을 지켜 냈다. 이 일은 미국 내 크래프트 비어 시대를 여는 중요한 사건 가운데 하나가 됐다. 오늘날 그는 마이크로 브루어리의 대부로 알려져 있다.

플라이트(flight)

작은 맥주잔으로 여러 종류의 맥주를 시음할 수 있는 세트를 말한다(한국에서는 샘플러라고도 한다). 플라

이트를 주문하면 맥주를 큰 잔으로 주문하기 전에 미리 어떤 맥주가 자신의 입맛에 맞는지 알아볼 수 있어 합리적이다. 다양한 맥주를 마시며 맛의 차이를 느껴보고 싶은 사람에게도 추천한다.

피니시(finish)

맥주를 마신 뒤에 입안에 나는 감각, 뒷맛을 말한다. 맥주의 스타일에 따라서는 뒷맛이 오래 남는 경우도 있다. 쓴맛이나 단맛이 남거나 또는 특정 재료의 풍미가 남는 등 맥주의 뒷맛은 저마다 다양하지만, 피니시의 관건은 맥주를 한 모금 더 마시고 싶어지느냐 아니냐 하는 점이다.

피니시가 좋으면 곧바로 한 잔 더 마시고 싶어지지

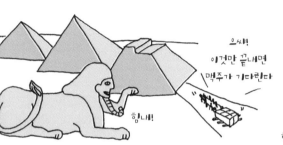

오써버 이것만 끝내면 맥주가 기다린다

힘내!

피라미드(pyramid)

고대 이집트에서 왕의 피라미드를 짓기 위해 일한 노동자들이 사실은 꽤 좋은 조건으로 고용됐다는 사실을 알고 있는가. 피라미드 건설은 나일강이 범람해 농사일을 할 수 없는 시기에 구할 수 있는 괜찮은 일자리였을 뿐만 아니라, 월급과 숙소, 식사는 물론이고 심지어 맥주까지 제공받는 합리적인 직장이었다고 한다. 술에 취해 비틀거리다 석재를 떨어뜨리거나 하지는 않았을지 의문이지만, 하루 일을 마치고 지친 몸으로 피라미드를 바라보며 마시는 맥주는 정말 달콤했을 것 같다.

피에이치(pH)

'수소이온농도지수'라고도 하는 pH는 수소이온의 농도를 1~14까지의 수치로 나타낸다. 이 수치로 용액의 산성도를 판단할 수 있는데 pH가 7이면 중성, 그 이하는 산성, 그 이상은 알칼리성이다. 맥주를 만들 때 사용하는 물, 매시(≫P.86), 맥아즙 그리고 완성된 맥주 모두 pH에 의미가 있는데, 가장 중요한 것이 바로 매시의 pH다. 수치가 5.2~5.5를 유지하는 것이 중요하며, 그 범위 내에서는 수치가 낮을수록 좋다. pH를 조정해 효소가 작용하기 쉬운 환경을 만들면 맥주 양조에서 매우 중요한 공정인 매싱이 원활해진다. 좋은 맥주를 만드는 일은 매시의 pH 수치에 달려 있다. 참고로, 맥아는 산성을 띠며 고온에서 건조한 맥아일수록 매시의 pH가 낮아지는 경향이 있다.

필스너(pilsner)

필스(pils)라고도 불리는 황금빛 라거 맥주로, 19세기 중반에 체코의 플젠이라는 도시에서 탄생한 스타일이다. 가볍게 넘어가는 아름다운 황금빛 맥주로, 전 세계 사람들이 가장 즐겨 마실 만큼 인기가 많다. 대량생산형 맥주 대다수가 필스너 스타일을 바탕으로 만들어지고 있는 탓에 흔히 가볍기만 하고 깊은 맛이 없는 맥주라는 오해를 받기도 하지만, 훌륭한 필스너는 비스킷처럼 고소한 맥아 향과 홉의 깔끔한 쓴맛이 기분 좋게 느껴진다. 독일 북부에서 생산되는 필스너는 쓴맛이 강한 반면, 보헤미안 필스너는 맥아의 풍미가 더욱 풍부하다.

필스너 우르켈(Pilsner Urquell)

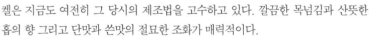

필스너를 탄생시킨 것으로 유명한 체코의 맥주 브랜드이자 양조장. 1838년 플젠 거리에서 부패한 맥주 통 36개가 폐기된 것이 그 시작이었다. 저렴한 수입 상품 탓에 현지 맥주의 판매가 부진해졌고, 신선한 상태가 유지되는 기간 내에 다 팔지 못하게 된 것이었다. 난처해진 도시의 관리들과 브루어들은 회의를 한 끝에 시내에 대형 양조장을 하나 건설하기로 결정했다. 1842년 10월 5일 드디어 완성된 맥주가 바로 필스너 우르켈('우르켈'은 '오리지널(original)'이라는 뜻)이다. 단백질이 적은 보리와 연수를 사용한 덕분에 맑고 아름다운 황금색 맥주가 탄생했다. 필스너 우르켈은 지금도 여전히 그 당시의 제조법을 고수하고 있다. 깔끔한 목넘김과 산뜻한 홉의 향 그리고 단맛과 쓴맛의 절묘한 조화가 매력적이다.

ⓘ www.pilsnerurquell.com

하면발효

발효를 하면 효모가 바닥에 가라앉는 발효·저장 숙성법 또는 양조법을 말하며, 하면발효로 만든 맥주는 '라거'라고 부른다. 효모의 종류에 따라 차이가 나지만, 발효 온도는 4~15℃ 정도로 상면발효보다 낮은 편이다. 중세에 바이에른 지방의 브루어들이 서늘한 저장고에서도 맥주가 계속 발효한다는 점을 발견한 것을 계기로 탄생했다. 기존의 상면발

발효가 끝나면 효모가 바닥에 가라앉아요

Ⅱ

효맥주(≫P.158 '에일')에 비해 가볍고 목넘김이 깔끔한 라거는 서서히 유럽 전역으로 퍼져 나갔다. 상면발효맥주에 비해 발효 기간이 두 배 정도 길며, 과거에는 겨울철에 맥주를 만들어 초봄까지 냉장해두었다가 마셨기 때문에 '저장' 또는 '저장고'를 의미하는 '라거(≫P.78)'라 불리게 됐다.

하와이(Hawaii)

하와이 원주민인 폴리네시아인들은 술을 왕족들만이 마실 수 있는 신성한 음료로 여겼다. 그래서 19세기에 서양인들이 건너왔을 때도 일반인들은 술을 마실 수 없었다. 그래서 술을 구하지 못해 불편함을 느낀 이주자들은 곧바로 술을 빚기 시작했다. 초기에 만들어진 술은 코르딜리네 터미날리스(cordyline terminalis)라는 다육식물의 뿌리를 끓여서 만든 맥주였다. 그 후 이것이 점차 발달해 오콜레하오(okolehao)라 불리는 증류주가 됐다. 그 후 보리 맥주, 그중에서도 필스너 타입의 라거가 주로 만들어졌다. 얼마 전부터는 하와이에서도 크

래프트 비어가 유행하기 시작해 이제는 다양한 스타일의 맥주를 마실 수 있게 됐다. 코나 브루잉 컴퍼니(Kona Brewing Company)는 이제 하와이를 대표하는 유명 펍이 됐고, 2015년에만도 새 브루어리가 일곱 곳이나 생길 만큼 빠르게 증가하고 있다. 앞으로는 하와이 여행을 갈 때마다 한층 다양한 맥주 업체를 만날 수 있을 테니 기대가 된다.

BREWERY

하이네켄(Heineken)

예부터 왕성한 무역 활동을 벌인 네덜란드를 대표하는 맥주 회사 또는 그 회사를 대표하는 브랜드다. 1863년에 설립된 하이네켄은 이제 전 세계에서 세 번째로 큰 맥주 회사가 됐다. 시원한 목넘김이 인기의 비결이다. 사실 하이네켄은 1997년작인 〈007 네버다이〉를 시작으로 제임스 본드 시리즈와 파트너십 관계에 있다. 2012년에 개봉한 〈007 스카이폴〉에는 제임스 본드가 하이네켄을 마시는 장면이 등장하며, 2015년에

개봉한 〈007 스펙터〉 때는 제임스 본드가 보트를 타고 바다 위를 질주하는 화려한 광고가 발표되기도 했다. 제임스 본드가 마시는 맥주라면 당연히 마셔보고 싶지 않겠는가.

ⓘ www.heineken.com

하이칼라(high collar)

'하이칼라'란 메이지 시대에 탄생한 속어로, 서양식 복장이나 생활양식을 따르는 모습 또는 그런 사람이나 사물 등을 가리켰다(한국에서도 서양식 유행을 따르던 멋쟁이를 이르던 말로 쓰였다). 메이지 시대에 옷깃이 높은 서양식 남성 정장이 유행한 것에서 유래됐다. 원래는 서양 문화에 심취해 외적인 면이나 형식에 치중하는 사람을 다소 무시하는 듯한 말이었지만, 나중에는 '근대적이다', '화려하다', '우아하고 아름답다', '세련되다'라는 긍정적인 이미지가 강해졌다. 오늘날에는 '하이칼라'라는 말이 옛 시절의 향수를 불러일으켜 카페나 레스토랑, 상품의 콘셉트가 되고 있다. 메이지 시대의 당대 엘리트들은 아직 일본에는 신문물이었던 맥주를 적극적으로 받아들였다. 세련된 양복 차림으로 비어 홀에 가는 날에는 "어머, 하이칼라네"라는 말을 들었을 것이다.

하트랜드(Heartland)

라벨이 없는 녹색병으로 알려진 하트랜드는 사실 1986년에 탄생한 기린 맥주의 브랜드다. 맥아 100%의 프리미엄 맥주로, 가벼운 식감과 아로마 홉의 산뜻한 향이 돋보이는 깔끔한 필스너다. 광고나 포장에 기린 맥주가 등장하지 않기 때문에 해외 맥주로 잘못 알고 있는 경우도 많다. 현재 500㎖와 330㎖의 병맥주를 판매하고 있다. 디자인은 미국의 심장부, 즉 '하트랜드'라 불리는 시카고 주변에 솟아 있는 큰 나무를 형상화한 것이다. 얼마 전에는 이 나무를 모티브로 한 'HEARTLAND BEER ART PROJECT 2015'의 아름다운 그림이 화제를 모았다. 맥주도 콘셉트도 모두 뛰어난 '하트랜드'. 너무 멋있어서 절로 탄성이 나온다.

ⓘ www.heartland.jp

ㅎ

함무라비 법전

기원전 1800년경에 수메르가 멸망한 후, 바빌로니아가 그 뒤를 이었다. 바빌로니아에서는 보리와 밀, 약초를 사용해 대략 스무 가지 정도의 맥주를 만들었는데, '눈에는 눈, 이에는 이'로 유명한 이 나라의 법전에는 맥주와 관련된 법률이 4개 조에 걸쳐 매우 자세하고 엄격하게 나와 있다. 예를 들어 자신의 술집에서 손님이 흉계를 꾸미는 모습을 보았을 때 이를 신고하지 않은 주인은 사형에 처해진다. 또 맥주에 물을 섞어서 팔다가 걸리면 익사를 당한다. 정말 무서운 법이다.

핫 비어(hot beer)

추운 북유럽 같은 한랭 지역에서는 따뜻하게 데운 맥주를 마시기도 한다. 특히 보크처럼 알코올 도수가 높은 겨울용 맥주가 잘 어울린다. 냄비에 물을 끓인 다음, 마개를 딴 병을 그대로 넣어 끓여도 되고, 과일이나 향신료를 첨가해 푹 끓여도 맛있다(≫P.52 '글루비어'). 뼛속까지 추위가 스며드는 한겨울 밤에 한번 마셔보기 바란다.

따뜻해.

YO
HO
HO

해적

중세 유럽의 해적들은 술에 매우 강했다고 한다. 북유럽의 해적 바이킹(≫P.108)은 미드(≫P.103)나 맥주를, 다른 해적은 럼이나 진 등 강한 술을 특히 좋아했다고 한다.

향신료

요즘은 맥주를 만들 때 홉을 많이 사용하지만, 예전에는 풍미를 더하기 위해 일반적으로 다양한 향신료와 허브를 섞은 그루트(≫P.51)를 사용했다. 주니퍼베리, 생강, 캐러웨이 씨(caraway seed), 아니스 씨, 육두구, 시나몬 등 여러 향신료는 맥주에 풍미를 더할 뿐만 아니라 맥주를 저장하는 힘이 있어 귀히 여겼다. 맥주에 홉을 많이 쓰기 시작하면서 이처럼 향신료를 넣은 맥주는 한때 사람들의 관심에서 멀어졌으나, 크래프트 비어 열풍이 불기

ㅎ

시작하면서 향신료를 넣은 스파이스 비어가 재조명을 받고 있다. 요즘은 치폴레(chipotle)나 사프란(saffron), 바닐라나 카카오, 산초 등을 이용한 새로운 스파이스 비어도 등장하고 있다.

허니문(honeymoon)
오늘날 허니문은 신혼여행을 뜻하지만, 사실 이 말의 기원은 유럽의 술 풍습과 관련이 있다. 먼 옛날, 맥주가 보급되기 전에 사람들은 꿀을 넣어 만든 미드라는 술을 마셨다. 고대부터 중세 시대까지는 결혼식을 올린 신부가 첫 한 달 동안 집에서 미드를 만들어 남편에게 마시게 하고 아이를 만드는 데에 전념했다고 한다. 이러한 풍습 때문에 결혼 직후의 기간을 꿀(honey) 같은 한 달(moon)이라는 의미에서 허니문이라 부르게 됐다고 한다.

허브(herb)
맥주 양조에 사용되는 홉도 허브의 일종이지만, 홉을 사용하기 전까지는 다른 허브나 향신료를 사용했다. 이러한 허브를 그루트라고 불렀는데, 브루어리별로 독자적인 레시피를 사용했다. 이처럼 식물의 뿌리, 씨, 열매, 채소, 꽃 등을 사용하는 허브 비어, 스파이스 비어, 베지터블 비어를 동일한 범주에 넣으려는 사람들도 있다. 일본에는 산초나 차, 벚꽃 등으로 만든 색다른 맥주도 있다.

양귀비
민들레
병꽃풀
칼루나
쐐기풀
양골담초

헤드(head)
'헤드'는 영어로 '머리'라는 뜻으로, 맥주를 잔에 따랐을 때 맥주 위에 형성되는 거품층을 가리키기도 한다(≫P.42 '거품').

헤드 리텐션(head retention)
'헤드'의 지속성, 즉 '거품 지속력'을 뜻한다. 맥주의 거품 지속력은 맥아나 홉, 부원료의 종류, 양조 공정에 따라 달라진다.

헬레스(helles)

독일어로 '밝은'이라는 뜻을 가진 헬레스는 밝은 황금색을 띠는 라거다. 필스너에만 인기가 집중되는 현상을 우려한 뮌헨의 양조가들이 개발한 스타일로 알려져 있다. 홉의 풍미가 진하지 않아 몰트의 특징을 더욱 잘 느낄 수 있다. 지금도 독일 남부에서 여전히 인기를 끌고 있다.

호가든 브루어리(Hoegaarden Brewery)

대표 상품인 '호가든 화이트'로 유명한 호가든은 벨기에의 호가든이라는 도시에 위치한 양조장이다. 이 도시는 벨기에의 밀맥주(윗비어 또는 벨지언 화이트)가 탄생한 곳으로, 그 역사는 15세기 중반까지 거슬러 올라간다. 당시 벨기에는 아시아와도 활발히 무역활동을 한 네덜란드의 통치하에 있었기 때문에 각종 향신료가 많이 수입됐고, 그 결과 향긋한 풍미를 지닌 밀맥주가 탄생했다. 그 후 양조장이 하나둘씩 늘어나면서 도시 전체가 밀맥주 양조에 힘썼으나, 20세기에 접어들어 플젠에서 생산한 필스너에 밀려 하나둘씩 문을 닫았다. 이를 보다 못한 피에르 셀리스라는 남성이 1966년에 낡은 레모네이드 공장을 사들여 양조장을 열고 '호가든 화이트'를 선보이며 전통 스타일을 부활시켰다. 이것이 호가든 브루어리의 시작이었다. 1985년에 호가든은 앤호이저 부시 인베브의 일부가 됐으며, 지금은 윗비어를 대표하는 브랜드로 전 세계에 알려져 있다.

ⓘ hoegaarden.com

호밀

벼목 화본과 작물로, 가끔 맥주를 만들 때 사용한다. 미국에서는 크래프트 브루어들이 만든 인디아 페일 에일 스타일의 호밀 맥주를 '라이 피에이(Rye PA)'라고 부른다. 독일에는 호밀을 사용한 로근비어(roggenbier)라는 맥주가 있는데, 간혹 호밀이 전체 곡물의 절반 이상을 차지할 때도 있다고 한다. 또한 러시아에서도 호밀을 사용한 크바스(≫P.195)라는 저알코올 음료를 만들고 있다.

호피(Hoppy)

호피는 호피 비버리지 주식회사
에서 판매 중인 맥주맛 음료다.
1948년 발매 당시에는 맥주 가
격이 지금처럼 저렴하지 않았기
때문에 호피와 소주를 섞어 마시
는 사람이 많았다. 호피 자체는
알코올 도수가 0.8%로 낮은 편
이지만, 홉과 맥아의 풍미가 충
분히 느껴져 술이 약한 사람이
마시기에도 좋다.

100㎖당 11kcal인 저열량·저당질 음료인 데다 푸린체도 들어 있지 않아 건강하게
반주를 즐기기에 안성맞춤이다. 2차 세계대전이 끝난 후에 탄생한 호피는 2018년
여름에 발매 70주년을 맞은 인기 상품이다. 간토 지방을 중심으로 각 가정과 이자
카야 등에서 사람들이 즐겨 마시는 도쿄의 대표적인 음료라 할 수 있다.

홈 브루잉(home brewing)

홈 브루잉이란 말 그대로 집에서 맥주를 만드는 것을
뜻한다. 자가 양조라고도 한다. DIY(Do it yourself)
에 빗대어 BIY(Brew it yourself)라고 부르기
도 한다. 일본에서는 알코올 도수가 1%
미만인 맥주만 가정에서 소비할 목적으
로 만들 수 있다. 미국에서는 1978년 이
후 홈 브루잉이 합법화된 것을 계기로 크
래프트 비어 문화가 발달하기 시작했다.

홈 브루잉 맥주

직접 만드는 맥주. 참고로 일본에서는
알코올 도수가 1% 이상인 술을 무면허
로 만들면 위법 행위가 된다.

ㅎ

홈 파티(home party)

시간을 신경 쓰지 않고 여러 사람들과 마음 편히 다양한 맥주와 음식을 즐기고 싶을 때는 역시 홈 파티가 제격이다! 교토에서 레스토랑을 운영하고 있는 이마이 요시히로 셰프에게 맥주에 어울리는 요리를 물어보았다.

얏호 브루잉
(≫P.156)
보쿠맥주, 기미맥주

맥주의 과일 향이 신선한 샐러드의 맛을 한층 끌어올립니다.

조금만 기다리세요~

오크라 꽃, 오크라, 오이, 무화과로 만든 샐러드

호가든 브루어리
(≫P.212)
벨지언 화이트

구운 풋콩 그리고 산뜻한 닭고기 햄과 무화과가 깔끔한 벨지언 화이트와 잘 어울립니다.

천일염을 뿌린 구운 풋콩, 후추를 뿌린 닭고기 햄과 무화과

히타치노네스트
맥주(≫P.219)
앰버 에일

버섯, 셀러리, 피망, 바지락을 넣은 맥주 찜

앰버 에일로 찐 조개를 앰버 에일과 함께
마셔봅시다! 맥주의 깊고 진한 풍미가
조개의 감칠맛을 한층 끌어올립니다.

기네스(≫P.54)
엑스트라 스타우트

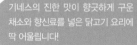

기네스의 진한 맛이 향긋하게 구운
채소와 향신료를 넣은 닭고기 요리에
딱 어울립니다!

그릴에 구워 천일염을 뿌린 채소, 탄두리 치킨

이마이 요시히로(Yoshihiro Imai)

요리사. 가루이자와의 리조트 호텔과 유명 화덕피
자 전문점에서 경험을 쌓은 뒤, 독학으로 요리를 공
부했다. 단기 연수를 한 코펜하겐의 레스토랑 노마
(NOMA)로부터 많은 영향을 받았다. 2015년 12월에
교토 '철학의 길'에 자신의 가게를 오픈했다.

ⓘ 606-8404 교토부 교토시 사쿄구 조도지시모
미나미다초 147(京都府京都市左京区浄土寺下
南田町147) 전화: (+81) 075-748-1154
홈페이지: restaurant-monk.com

ㅎ

홉(hops)

홉의 분류

파인 아로마 홉
섬세한 향을 지닌 홉

아로마 홉
강한 향을 지닌 홉

비터 홉
쓴맛이 강한 홉

기타
그 밖의 홉

홉 차를 마시면
차분해져

홉은 맥주에 풍미를 더할 때 사용하는 중요한 원료인데, 사실 홉이 맥주의 원료로 정착된 것은 오랜 맥주 역사를 놓고 보았을 때 비교적 최근의 일이다. 그 이전에는 다른 허브를 사용하다가 (≫P.51 '그루트') 홉이 풍미를 더할 뿐만 아니라 항균 효과가 있고 맥주의 탁한 빛을 억제하는 작용도 뛰어나 널리 쓰이게 됐다. 홉은 삼과의 여러해살이 덩굴식물로, 학명은 호물루스 루풀루스 (homulus lupulus)다. 맥주에 사용되는 것은 홉의 구화 부분이다. 홉은 원래 이집트에 서식하다 각지로 퍼져 나갔고, 진정제나 수면제 등 약용으로 사용됐다. 아메리카 원주민들은 홉을 달인 차를 자기 전에 마시거나 상처에 바르기도 했다고 한다. 9세기에 유럽의 수도원에서 홉을 사용한 기록이 확인됐으며, 그 후 저지대에서 홉을 재배하기 시작했다. 지금은 주로 북위 35~55도의 한랭 지역에서 재배되고 있다. 주요 산지로는 체코의 보헤미아, 독일 남부 바이에른주, 슬로베니아, 미국의 워싱턴주와 내파 밸리, 영국, 호주의 빅토리아주와 태즈메이니아 지방 등을 들 수 있다.

홉은 산지나 품종에 따라 풍미가 달라지기 때문에 맥주를 만들 때 홉과 몰트의 조합, 또는 서로 다른 홉의 조합이 맥주 맛을 좌우하는 중요한 포인트가 된다. 홉은 신선한 상태나 건조시킨 홉의 구화 외에도 가루, 펠릿, 추출물의 형태로도 판매한다. 브루어리에는 일반적으로 구화를 저장할 수 있는 시설이 없기 때문에 펠릿이나 추출물의 형태로 구입해 사용하는 경우가 많은데, 크래프트 비어 업계에서는 가공하지 않은 홉을 사용하려는 움직임이 일어나고 있다. 홉 중에는 맥주에 향을 더하기 위한 아로마 홉과 쓴맛을 내기 위한 비터 홉이 있는데, 홉의 종류나 조합뿐만 아니라 투입 시기나 끓

FRESH
HOPS

PELLETS

POWDER

EXTRACT

ㅎ

이는 시간에 따라 맥주의 맛이 결정되므로 홉을 어떻게 사용하느냐가 브루어의 실력을 가늠할 수 있는 척도가 되기도 한다.

홉헤드(hophead)

홉헤드는 홉을 듬뿍 넣어 쓴맛이 강한 맥주에 열광하는 사람을 뜻한다. 홉의 씁쓸한 맛은 확실히 중독성이 있지만, 홉헤드 중에는 정말 평범한 수준을 넘어서는 사람도 있다. 이런 홉헤드를 위해 홉의 풍미를 최대한 강조한 맥주 상품도 다양하게 나오고 있다. 참고로 과거에는 주로 아편 같은 약물을 사용하는 사람을 가리키는 말로도 쓰였다.

화이트 에일(white ale)

밀을 사용한 에일을 가리킨다.

효모

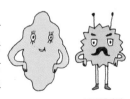

'효모'라는 말은 메이지 시대에 맥주 양조법을 일본에 도입할 때 생긴 일본식 한자어다. 효모는 5~10㎛ 크기의 미생물로, 맥주를 비롯한 다양한 식품과 공예품을 만들 때 반드시 필요한 과정인 '발효'를 일으킨다. 맥주의 역사가 시작될 무렵부터 이미 효모는 작용하고 있었지만, 파스퇴르(≫P.200)라는 과학자가 증명하기 전까지 효모의 원리는 알려지지 않았다. 맥주 효모는 상면발효효모, 하면발효효모, 야생 효모 세 가지로 크게 나뉜다. 참고로 병맥주를 보면 더 잘 알 수 있는데, 무여과 맥주의 바닥에 가라앉아 있는 것이 효모다. 병을 흔들어서 효모를 섞어 마시거나 아니면 가라앉은 채로 두는 경우가 있다. 어느 쪽이 더 맛있는지는 맥주에 따라 다르다.

효소

와인이나 맥주 등 알코올음료를 만들 때는 효모가 분해할 수 있는 당분이 필요한데, 와인에 들어가는 포도와는 달리 맥주에 사용하는 보리는 전분이나 단백질을 분해해 당으로 바꾸기 위해 아밀라아제나 프로테아제 같은 효소가 필요하다.

아밀라아제   프로테아제

ㅎ

후지자쿠라코겐 맥주(富士桜高原麦酒)

'후지자쿠라코겐 맥주'는 독일의 맥주 양
조 교육기관인 되멘스 아카데미(DOEMENS
Akademie)에서 공부한 양조사가 만드는
정통 독일식 맥주다. 일본에서는 보기 힘
든 훈연 맥주인 라우흐비어(≫P.79)도 생산
중이다.

ⓘ 401-0301 야마나시현 미나미쓰루군 후지카와구치코마치 후나쓰 쓰루기마루오 6663-1
(山梨県南都留郡富士河口湖船津字剣丸尾6663-1) 전화: (+81) 555-83-2236

흑맥주

짙은 색을 띤 맥주를 '흑맥주'라고 부르는데, 사
실 이 표현은 맥주의 '스타일'을 가리키는 말이
아니다. 일본 맥주 상품 관련 규정에서는 '짙은
색 맥아를 원료의 일부로 사용한 짙은 색 맥주'

검은색을 띠면 '흑맥주'

를 '흑맥주'로 본다. 이러한 정의에 따르자면 효모나 풍미와는 상관없이 짙은 색 맥
아를 사용해 만든 짙은 색 맥주는 전부 '흑맥주'가 된다. 흑맥주에 해당하는 맥주의
스타일로는 포터(≫P.203)나 스타우트(≫P.137), 슈바르츠비어(≫P.135), 슈타르크
비어(≫P.135) 등이 있다.

희귀 맥주

세상에는 정말 다양한 맥주가 있다. 맥주를 만드는 사람의 손끝에서 탄생하는 전
세계 희귀 맥주는 도전할 수 있는 레벨도 저마다 다르다.

로그 에일의 '콜드브루 2.0(Cold Brew 2.0)'

유명한 '스텀프타운 커피 로스터즈(Stumptown Coffee Roasters)'의 콜
드 브루를 사용해 만든 블론드 에일. 강한 커피 맛에 이어지는 홉과 맥
아의 향기가 놀라울 정도로 조화롭다. ⓘ www.rogue.com

로그 에일의 '옐로 스노 필스너(Yellow Snow Pilsner)'

겨울을 표현한 이 맥주는 미국 북서부에 많은 '가문비나무(소나뭇과의 상록 침엽 교

목)'를 사용한 필스너. 가문비나무의 향기가 차가운 겨울날을 떠올린다.

ⓘ www.rogue.com

산쿠토가렌(≫P.127)의 '응, 고노쿠로(うん、この黒)'

코끼리에게 커피 열매를 먹인 후, 변에 섞여 나온 원두로 만든 블랙 아이보리 커피(black ivory coffee)를 사용한 맥주다. 쓴맛과 단맛이 기분 좋게 균형을 이루고 있어 의외로 술술 넘어가는 맥주였다고 한다. ※현재는 판매하지 않는다.

펑키 부다 브루어리의 '메이플 베이컨 커피 포터(Maple Bacon Coffee Porter)'

미국의 아침 식사를 연상시키는 향과 풍미를 지닌 맥주로, 화려하고 진한 맛을 느낄 수 있다. 참고로 이 맥주는 2016년에 월드 비어 컵(World Beer Cup)의 '스페셜티 비어(Specialty Beer)' 부문에서 금상을 수상했다.

ⓘ funkybuddhabrewery.com

BREWERY

히다타카야마 맥주(飛騨高山麦酒)

온천과 옛 정취가 남아 있는 거리의 풍경 그리고 맛있는 술로 알려져 있는 기후현 히다 지방에 자리한 양조장이다. 지하 180m에서 퍼 올린 천연수와 100% 맥아를 사용하고 있으며, 영국의 전통적인 맥주 양조법을 기반으로 하고 있다. 살아 있는 효모의 향이 매력적인 진한 맥주다.

ⓘ 506-0808 기후현 다카야마시 마쓰모토마치 999(岐阜県高山市松本町999)
　전화: (+81) 577-35-0365　홈페이지: www.hidatakayamabeer.co.jp

BREWERY

히타치노네스트 맥주(常陸野ネストビール)

이바라키현에 위치한 기우치 주조에서 1996년에 시작한 맥주 브랜드다. 현지의 맛있는 우물물과 최상급 원료 외에도 삼나무 맥주 통과 쌀누룩, 일본에서 개발된 맥주보리 원종인 '가네코 골든' 등 일본의 독자적인 재료와 제조법을 사용한다. 브랜드를 대표하는 캐릭터인 올빼미의 참을 수 없을 만큼 깜찍한 표정을 보면 저절로 사고 싶어진다.

ⓘ 311-0133 이바라키현 나카시 고노스 1257(茨城県那珂市鴻巣1257)
　전화: (+81) 29-298-0105　홈페이지: www.kodawari.cc

ㅎ

힘을 모아 함께 만드는 크래프트 비어

글 : 교토 양조 주식회사

"우선 양조장을 세우고 양조와 판매를 충분히 할 수 있다는 점이 증명되면 영업을 개시하기 약 두 달 전에 신청서를 제출해주세요."

"잠깐만요. 그럼 허가가 날지 안 날지 모르는 상태에서 먼저 자금을 조달해 양조장을 세우라는 건가요?"

"그렇습니다."

"맥주가 팔릴 거라는 걸 어떻게 증명하죠?"

"바나 이자카야에 연락해서 양조장에서 맥주 판매를 시작했을 때 그쪽에서 매입할 예상량을 서류에 기입해 달라고 하면 됩니다."

"모르는 사람한테 연락해서 아직 존재하지도 않는 양조장 서류에 서명을 받으라는 건가요?"

"그렇습니다."

억지도 이런 억지가 없었다. 때는 2013년, 일본에 브루어리를 세우겠다는 우리의 계획과 모험은 이렇게 시작됐다. 캐나다 출신인 폴 스피드, 미국 출신인 크리스 헤인지 그리고 웨일스 출신인 나, 벤저민 팔크. 우리는 일본에서 셋이 합쳐 30년 가까운 경험을 쌓았지만, 그래도 여전히 미지의 세계에 떨어진 듯한 느낌이었다. JET 프로그램(The Japan Exchange and Teaching Programme, 어학 지도 등을 담당할 외국

청년 유치 사업_옮긴이)을 통해 아오모리에서 만난 우리는 시장 조사를 위해 열심히 시음 조사를 했다. 물론 거짓말이다. 그저 맥주를 마셔대기만 했다.

나는 젊은 시절부터 에일을 마셨고 (영국에서는 대부분 그렇다), 폴도 크래프트 비어를 좋아해 즐겨 마셨지만, 사실 이 꿈을 확립시킨 것은 오랫동안 홈 브루잉을 해온 크리스였다. 아오모리에서 일을 마친 후에도 일본에 남은 우리는 변함없이 우정을 이어 나갔지만, 폴은 투자은행, 나는 구인기업, 크리스는 리쓰메이칸대학 등 각자 다른 길을 걷고 있었다. 여기까지 오기 위해 크리스는 하던 일을 그만두고 맥주 양조를 배우러 미국으로 건너갔고, 그 후 캘리포니아주의 로스트 애비(The Lost Abbey), 포트 브루잉 컴퍼니(Port Brewing Company)와 나가노의 '시가코겐 맥주'에서 일했다.

"여보세요?"

"안녕하세요, 사장님. 저는 교토 양조라는 아직 존재하지 않지만 곧 설립될 브루어리의 멤버입니다. 2015년 초에 양조를 시작하려고 합니다. 반갑습니다."

"네."

"저희는 일본 최초로 벨기에 효모를 사용해 맥주를 만들려고 하는데요. 흥미로운 맥주를 많이 만들 생각입니다."

"그런데요?"

"저, 다름이 아니라 혹시 괜찮으시면 연간 500ℓ 정도 구입하시겠다는 내용으

로 서명을 받을 수 있을까 합니다만."

"아, 인가 신청 때문인가요? 좋습니다. 그럼 내일 오후에 들러주세요."

정말 이렇게 해도 괜찮은 걸까! 그 때는 미처 알지 못했지만, 우리는 상당히 좋은 조건으로 업계에 뛰어든 셈이었다. 주위에 믿고 기댈 수 있는 조언자와 고객, 지도자, 친구들이 너무나도 많았던 것이다. 같은 브루어나 바 그리고 크래프트 비어를 좋아하는 사람들까지. 이렇게나 '크래프트 비어'를 사랑하고, '경쟁'하는 것이 아니라 서로 돕고 양보하는 업계가 또 있을까.

브루어리를 세우고 운영하는 것은 중노동이며, 하루하루가 도전의 연속이다. 일본에서 브루어리를 시작하면 특히나 어려운 점이 많을 것이라는 이야기를 듣기는 했지만, 우리는 일본에 남고 싶었다. 그러니 브루어리도 일본에 세울 수밖에 없었다. 그리고 교토야말로 우리에게 딱 맞는 장소라 느꼈다. 사업적인 측면에서는 다른 이들의 충고대로 처음 예상했던 것보다 더 많은 자금과 노동, 시간이 들어갔다.

하지만 정말 예상 외였던 점은 업계 사람들, 맥주를 사랑하는 분들 그리고 두려워했던 세무서 분들까지도 우리에게 많은 도움을 주었다는 점이었다. 무엇보다 우리의 마음을 따뜻하게 한 것은 우리 브루어리의 고향이자 일본의 옛 수도인 교토에서 받은 수많은 성원일지 모른다. 싹을 틔우기 시작한 크래프트 비어 업계에 뛰어든 사람들, 창조적인 일을 사랑하는 이 지역 장인들 그리고 주말이면 테이스팅 룸을 찾아오는 단골손님인 호기심 왕성한 교토 미나미구의 주민 분들.

교토와 크래프트 비어 업계에 감사하며 건배!

교토 양조 주식회사(Kyoto Brewing Co.)
웨일스 사람, 캐나다 사람 그리고 미국 사람이 아오모리에서 만났다. 그 일이 KBC의 시작이었다. 헤드 브루어인 크리스 헤인지는 7년 동안 거주한 장인의 도시 교토를 와인, 커피뿐만 아니라 맛있는 맥주를 즐길 수 있는 곳으로 바꾸고 싶다는 꿈을 갖고 있다. 2015년 4월에 맥주를 만들기 시작한 KBC는 일본에서 처음으로 벨기에 효모를 사용한 양조장이기도 하다.(≫P.48)
ⓘ kyotobrewing.com

맺음말

어린 시절, 우리 집 저녁 식탁에는 종종 병맥주가 올라왔습니다. 아버지가 맥주를 마시면 어머니도 곁에서 한잔하다 어느 틈엔가 취해서 웃고는 하셨죠. 어렸던 제 눈에도 아름다운 황금빛 맥주와 폭신폭신한 거품이 어찌나 맛있어 보였는지 모릅니다. 또 맥주를 마시는 부모님의 모습이 몹시 즐거워 보여 "엄마, 아빠만 먹고! 나도 마실래!"라며 달라고 졸라댔지만, 아버지는 늘 "어른이 되어야 맥주가 맛있어지는 거란다"라고 하셨답니다.

제가 처음으로 맥주를 맛있다고 느낀 것은 그 후로 한참이 지난 뒤, 뉴욕에서 공부하던 시절이었습니다. 아르바이트를 했던 일본식 이자카야에서 마신 일본 맥주도 향수병에 걸렸던 제 마음에 깊이 스며들 만큼 맛있었지만, 언젠가부터 맥주를 하나둘씩 찾아다니는 자유를 즐기게 되면서 새로운 맥주와 바를 발견하는 기쁨을 알게 됐습니다. 맥주는 그 배경에 있는 사람과 문화 그리고 에너지가 전해지는 술인 것 같습니다.

오랜만에 일본에 돌아와보니 이곳에서도 크래프트 비어가 한창 유행 중이었습니다. 일본에서도 맛있는 맥주를 찾아다니던 중에 운 좋게 이 책을 집필할 기회가 생겼고, 덕분에 맥주의 심오한 세계에 다시 한 번 흠뻑 빠져들게 됐습니다.

맥주의 세계는 파고들수록 더욱 방대하기만 했습니다. 많은 분들의 도움이 없었다면 이 책을 완성하지 못했을 것입니다. 특히 이 책을 위해 협력해주신 여러 맥주 업계 관계자 분들, 저를 격려해준 친구들과 가족들 그리고 비록 지금은 세상을 떠나셨지만 제게 여행을 사랑하는 마음을 심어주시고 새로운 것을 발견하는 기쁨을 가르쳐주신 아버지께 감사드립니다.

이 책을 통해 여러분이 맥주의 세계를 조금이라도 알게 되기를 바랍니다.
여러분도 부디 자신만의 맥주를 찾아 여행을 떠나보세요.

감사의 마음을 담아.

리스 에미

INDEX
STYLE

보리라고는 보리차밖에 모르는
당신을 위한 최소한의 맥주 교양

맥주어 사전

초판 1쇄 인쇄 2018년 7월 16일
초판 1쇄 발행 2018년 7월 24일

지은이·그린이 리스 에미 **감수** 세노오 유키코
옮긴이 황세정

발행인 윤영근 **단행본사업본부장** 김정현
편집주간 신동해 **책임편집** 황인화
디자인 김은정 **마케팅** 이현은 권오권
홍보 박현아 최새롬 **국제업무** 최아림 박나리 **제작** 류정옥
촬영 Mitsutaka Konagi(P.121,181) Emmy Reis(P.90) Kei Nakayama(P.214~215)

브랜드 웅진지식하우스
주소 경기도 파주시 회동길 20
주문전화 02-3670-1595 **팩스** 031-949-0817
문의전화 031-956-7359(편집) 031-956-7068(마케팅)
홈페이지 www.wjbooks.co.kr
페이스북 www.facebook.com/wjbook
포스트 post.naver.com/wj_booking

발행처 ㈜웅진씽크빅
출판신고 1980년 3월 29일 제406-2007-000046호

한국어판 출판권 ⓒ 2018 Woongjin Think Big
ISBN 978-89-01-22594-4 13590

* 이 도서의 국립중앙도서관 출판예정도서목록(CIP)은 서지정보유통지원시스템 홈페이지
  (http://seoji.nl.go.kr)와 국가자료공동목록시스템(http://www.nl.go.kr/kolisnet)에서
  이용하실 수 있습니다.(CIP2018021787)
* 책값은 뒤표지에 있습니다.
* 잘못된 책은 구입하신 곳에서 바꿔드립니다.